Colorimetrische Mikrosensoren zur *in-situ*-Überwachung chemischer Parameter in Stahlbetonbauwerken

Von der Fakultät für Elektrotechnik und Informationstechnik
der Technischen Universität Carolo-Wilhelmina zu Braunschweig

zur Erlangung der Würde eines
Doktor-Ingenieurs (Dr.-Ing.)
genehmigte

Dissertation

von

Dipl.-Ing. Kai Melhorn
aus Braunschweig

Eingereicht am: 07. Juni 2010
Mündliche Prüfung am: 21. Dezember 2010

Referenten: Prof. Dr. W. Kowalsky
Prof. Dr. A. Enders

2010

Bibliografische Information der Deutschen Nationalbibliothek
Die Deutsche Nationalbibliothek verzeichnet diese Publikation in der Deutschen Nationalbibliographie; detaillierte bibliographische Daten sind im Internet über http://dnb.d-nb.de abrufbar.
1. Aufl. - Göttingen: Cuvillier, 2011
Zugl.: (TU) Braunschweig, Univ., Diss., 2010

978-3-86955-720-5

Nonnenstieg 8, 37075 Göttingen
Telefon: 0551-54724-0
Telefax: 0551-54724-21
www.cuvillier.de

1. Auflage 2011
Gedruckt auf säurefreiem Papier.

978-3-86955-720-5

Für meine Eltern
und meine Frau Vanni

Vorwort

Die vorliegende Arbeit entstand während meiner Zeit als wissenschaftlicher Mitarbeiter am Institut für Hochfrequenztechnik (IHF) der Technischen Universität Carolo-Wilhelmina zu Braunschweig. Mein besonderer Dank gilt meinem Doktorvater und Institutsleiter Prof. Dr. Wolfgang Kowalsky und meinem Arbeitsgruppenleiter Dr. Hans-Hermann Johannes für die Übergabe des Themas und die ständige Unterstützung, ohne die diese Arbeit nicht möglich gewesen wäre. Die Möglichkeit zur freien Gestaltung meiner Arbeit und die Chance der Präsentation der Ergebnisse auf inter-/nationalen Konferenzen hat mir an vielen Stellen notwendige Impulse gegeben, um mich persönlich und fachlich weiterzuentwickeln. Mein Dank gilt weiterhin Prof. Dr. Enders für die Übernahme des Co-Referats und einige wertvolle Tipps für den Feinschliff dieser Arbeit. Ebenso danke ich Prof. Dr. Schöbel für die Übernahme des Vorsitzes der Prüfungskommission und den damit verbundenen Mühen.

Die Deutsche Forschungsgemeinschaft förderte den Sonderforschungsbereich 477, in dessen Rahmen ich meine Dissertation erstellt habe, wofür ich mich herzlich bedanken möchte. Auch gilt mein Dank den Kollegen des SFB, wobei insbesondere mein Vorgänger Dr. Marc Blumentritt erwähnt sei. Er hat wesentliche Vorarbeiten geleistet und mich hervorragend eingearbeitet. Zudem wären einige Teile dieser Arbeit ohne die Hilfe von Prof. Dr. Gerdes des Karlsruher Instituts für Technologie nicht möglich gewesen. Ihm und Immanuel Schäufele möchte ich für die Zusammenarbeit ebenfalls recht herzlich danken.

Neben der eigenen beruflichen Entwicklung hat mir die Zeit am IHF auch eine Menge Freunde und Bekannte beschert, die mir sowohl auf der fachlichen, als auch auf der persönlichen Ebene immer mit Rat und Tat zur Seite standen und teilweise immernoch stehen. Hier einzelne Kollegen aufzuzählen würde der Sache nicht gerecht und zudem den Rahmen dieses Vorworts sprengen. Ich möchte Euch allen herzlichst für die gute Zeit danken. Ich gehe fest davon aus, dass sich unsere Wege hin und wieder kreuzen werden.

Zu guter Letzt möchte ich meiner ganzen Familie danken. Meine Eltern haben den Grundstein gelegt und gemeinsam mit meiner Frau und vielen anderen dazu beigetragen, dass ich ohne nennenswerte Instandsetzungsmaßnahmen durch diese Zeit gekommen bin.

Ich danke Euch.

Wolfenbüttel, Februar 2011

Inhaltsverzeichnis

1 Einleitung

1.1 Bauwerksüberwachung

Seit einigen Jahrzehnten zeichnet sich ein Trend in der Bauwirtschaft ab, der das Thema der Bauwerksüberwachung (BÜ) zu immer größerer Bedeutung verhilft. Der aktuelle Baubestand (2000) in Deutschland beläuft sich auf einen Wert von ca. 50 Billionen Euro. Immer weniger Investitionen werden in Neubauten getätigt und immer größere Kosten entstehen durch Schäden an älteren Gebäuden. Dabei sind die Kosten in den ersten Jahren nach der Inbetriebnahme zunächst gering. Durch regelmäßige Wartungs- und Inspektionsintervalle werden größere Schäden vermieden und der Zustand des Bauwerks dokumentiert. Sind Wartungs- und Inspektionsarbeiten gut geplant und ausgeführt, können hohe Kosten durch Instandsetzungen vermieden werden. Problematisch wird es hingegen, wenn die Art der Nutzung sich ändert, unvorhersehbare Schäden auftreten oder sich die Planung als grundsätzlich unzureichend herausstellt. Der Sonderforschungsbereich 477 (SFB 477) mit dem Titel *„Sicherstellung der Nutzungsfähigkeit von Bauwerken mit Hilfe innovativer Bauwerksüberwachung“* wird seit 1998 durch die Deutsche Forschungsgemeinschaft (DFG) an der Technischen Universität Braunschweig gefördert und hat sich zum Ziel gesetzt den immer größer werdenden Problemen in der Bauwirtschaft entgegenzuwirken. Hierzu wurde eine Aufteilung in vier Teilbereiche der Forschung vorgenommen, um eine ganzheitliche Betrachtung der Problemstellung zu ermöglichen und Lösungsansätze zu schaffen. Im Bereich *„Methoden und Strategien zur Bauwerksüberwachung“* wurden theoretische Betrachtungen durchgeführt. Zudem sollten diese Erkenntnisse mit Hilfe von *„Adaptiven Modellen“* im zweiten Schritt umgesetzt werden. Weiterhin war es Teil des Konzepts, Sensortechnologien für die Bauwerksüberwachung zu entwickeln womit Messdaten im praktischen Einsatz gesammelt werden können (*„Messtechnik - Entwicklung und Adaption“*). Schließlich sollten alle vorher genannten Teilbereiche durch die *„Erprobung an Bauwerken“* zusammengeführt werden. Die Ziele dieses SFB 477 werden insbesondere vor dem Hintergrund großer Unglücke durch strukturelles Versagen von Bauwerken wie folgt dargestellt [1]:

- *„Sicherstellung der Nutzungsfähigkeit von Bauwerken durch Erkennung plötzlicher Widerstandsverluste mit Hilfe der BÜ“*

- *„Realistische Prognose des künftigen Bauwerksverhaltens durch adaptive Modelle, d.h. durch Modelle, die sich an den jeweiligen Bauwerkszustand anpassen können“*
- *„Ermittlung von effizienten Methoden zur Minimierung der Gesamtkosten des Bauwerkes (volkswirtschaftlich und betriebswirtschaftlich) durch integrierte BÜ“*
- *„Planung, Optimierung und Bewertung von Überwachungsmaßnahmen im Hinblick auf maximale Effizienz und Aussagesicherheit“*
- *„Konzeptionierung der BÜ als Instrument zur Planung und Optimierung von Instandhaltungsmaßnahmen“*

Sensorik und Messtechnik stellt hierbei einen wesentlichen Teil der praktischen Bauwerksüberwachung dar. Die bisweilen subjektiv bewerteten Kriterien des Bauwerkszustands können durch den Einsatz von neuen Technologien in objektiv zu bewertende Parameter umgesetzt werden und erlauben es auf diese Weise durch ein breiteres Spektrum von Informationen eine zuverlässige Aussage über den Bauwerkszustand zu machen. Dazu gehören neben den mechanischen Parametern wie z. B. Druck, Schwingungen und Rissbildung auch die Temperatur und chemische Parameter wie pH-Wert, Feuchte und die Konzentration verschiedener Ionen. Die vorliegende Arbeit wurde innerhalb des SFB 477 durch die DFG gefördert, um vorangegangene Arbeiten mit faseroptischen Sensoren zur Bestimmung chemischer Parameter auf eine weitere Technologieplattform zu übertragen und ihre Eignung für den Einsatz in Stahlbetonbauwerken zu zeigen.

1.2 Gliederung der Arbeit

Das Ziel dieser Arbeit ist die Darstellung der Nutzbarkeit von integrierten, optischen Chemosensoren in der Bauwerksüberwachung. Mit einem planaren Sensormodul der Firma CIS® (Centrum für intelligente Sensorik) - Institut für Mikrosensorik werden die gewonnenen Kenntnisse aus dem SFB 477 genutzt, um die Effizienz eines integrierten elektronischen Sensors für diese Anwendung darzustellen.

In Kapitel 2 werden einige Grundlagen der Betonverarbeitung dargestellt und ein Überblick über die Notwendigkeit und die Möglichkeiten chemischer Sensoren in Stahlbetonbauwerken gegeben.

Einige aktuelle Methoden zur Bauwerksüberwachung werden in Kapitel 3 vorgestellt. Neben den Aktivitäten anderer Forschungsgruppen wird auf die Entwicklung faseroptischer Sensoren und die sensitiven Farbstoffe eingegangen. Insbesondere wird auf die Messmethode für pH-Wert und Feuchtegehalt in Stahlbeton eingegangen und die Detektion freien Chlorids diskutiert. Zudem wird eine Einführung in die Faseroptik gegeben und Ergebnisse vorgestellt, die mit diesen Sensoren über nahezu zwei Jahre in einem Feldversuch ermittelt wurden.

Schließlich wird in Kapitel 4 das Konzept der mikrooptischen Sensoren gezeigt und Anforderungen definiert. Des Weiteren wird eine Methodik diskutiert, wie eine Anpassung der Sensoren an die Anforderungen des jeweiligen Sensormaterials simuliert werden kann und wie die resultierenden Ergebnisse auf das Sensorsystem umgesetzt wurden. Zudem wird dargestellt, wie die Auswertung der Messdaten vorgenommen wurde.

In Kapitel 5 werden die Messergebnisse mit dem elektrooptischen Messsystem diskutiert. Weiterhin werden die Erkenntnisse aus dem Feldversuch mit dem faseroptischen Messsystem vorgestellt. Abschließend wird ein Vergleich zwischen den faseroptischen und den mikrooptischen Sensoren ausgeführt und Vor- und Nachteile beider Systeme aufgezeigt. Weiterhin wird im Ausblick der Einsatz der Sensoren in einem autarken, kabellosen Messsystem diskutiert.

2 Stahlbeton - Parameter zur Zustandsanalyse

2.1 Historisches

Den ersten Hinweis auf einen Mörtel aus Kalk, Ziegelmehl und Sand findet sich in der Bibel im Zusammenhang mit den Phöniziern um 1000 v. Christus. Der Name Zement leitet sich vom römischen *„Opus cementitium“* ab, was als Bezeichnung der Römer im 3. Jahrhundert für eine Mischung aus gebranntem Kalk, Sand, Puzzolan[1] und Ziegelmehl genutzt wurde. Dieses Gemisch wurde für eine sehr große Anzahl von Aquädukten, Zisternen und allen anderen Arten von Gebäuden im alten Rom verwendet.

Das Patent für Zement ohne puzzolanische Zusatzstoffe wurde 1796 von James Parker eingereicht. Diese Entwicklung geht auf J. Smeaton zurück, welcher 1759 einen Leuchtturm bauen sollte, für den er einen wasserbeständigen Mörtel benötigte. Der Name Portland-Zement geht auf eine Weiterentwicklung dieses Patents um 1824 zurück. Der Erfinder J. Aspdin aus England suchte einen Namen für sein neuartiges Gemisch aus Kalkstein und Ton und hat sich, wahrscheinlich aus Marketinggründen, an einem Produkt orientiert, dass bereits auf dem Markt zu kaufen war. Auf der Halbinsel Portland wurde ein Kalkstein abgebaut, welcher eine hohe Qualität und Festigkeit aufwies und daher gern als Baustoff genutzt wurde. Die Eigenschaften und die Färbung konnten als vergleichbar angesehen werden und um von diesem positiven Image zu profitieren, kam es zu der Bezeichnung Portland-Zement. Das erste große Werk für Portland-Zement wurde 1850 in Buxtehude, Deutschland von der Firma Brunkhorst & Westfalen errichtet. Gelöschter Kalk, also reines Kalziumhydroxid ($CaOH$), ist auch heute noch unter dem Namen Portlandit bekannt [2].

Die Erfindung des Stahlbetons wird weitläufig dem Franzosen Joseph Monier (1823-1906) zugeschrieben. Zunächst als Gärtner tätig, meldete er 1867 ein Patent für drahtverstärkte Betonkübel an und baute schließlich auch Gartenmöbel nach dieser Art. Zwei Jahre später ließ er sich metallverstärkte ebene Platten patentieren und 1873 sogar eines für Brücken, Stege und Gewölbe. Die Patentschriften legen jedoch die Vermutung nahe, dass Monier zu keinem Zeitpunkt wusste, warum der Stahl eine Verbesserung der Betoneigenschaften

[1] *Puzzuoli*: Stadt in Italien. Hier wurden große Mengen Vulkanasche gewonnen und zur Herstellung von Beton genutzt.

herbeiführen könnte. Er war der Meinung, der Stahl müsse in der Nullzone zwischen Zug- und Druckzone platziert werden [3].

In den kommenden Jahren wurden viele bedeutende Erfindungen gemacht, die die Grundlage für viele Bauwerke werden sollten. Beispielsweise erfand der Schweizer Rober Maillart die erste unterzuglose Decke aus Beton, die so genannte Pilzdecke, welche charakteristisch für den Betonbau werden sollte. E. Freyssinet (1879-1962) baute 1923 eine gewaltige Luftschiffhalle in Paris-Orly. Sie hatte eine Scheitelhöhe von 56 m bei einer Spannweite von 80 m und der Länge von 300 m. Er war es auch, der neben anderen wichtigen Neuerungen das Prinzip des Spannbetons erfand und somit zu den größten Erfindern im Ingenieurbau gezählt werden kann.

In Deutschland wurden im Jahr 2000 ca. 42 Mio. Tonnen Rohstoffe zur Produktion von Zementklinker benötigt. Durch Verbrauchsmaterialien, die hauptsächlich in Abgase umgesetzt werden, konnten mit diesen Rohstoffen ca. 28 Mio Tonnen Zementklinker hergestellt werden. Dem steht eine weltweite Produktion von ca. 1,5 Mrd. Tonnen Zement jährlich gegenüber [4].

2.2 Betontechnische Grundlagen

2.2.1 Definition

„Beton ist ein künstlicher Stein, der aus mindestens drei Ausgangsstoffen [...] hergestellt wird.“

In dieser ursprünglichen Definition wird Beton als ein System aus den Stoffen Zement, Wasser und Gesteinskörnung (früher Zuschlag) beschrieben [5]. In der heutigen Zeit wird im Allgemeinen von einem 5-Stoff-System ausgegangen, welches neben den Grundelementen weiterhin noch Anteile enthält, die zur gezielten Manipulation einiger Eigenschaften des Betons dienen. Diese Anteile werden in den so genannten Zusatzstoffen und Zusatzmitteln zusammengefasst.

Einen Unterschied zwischen Mörtel und Beton ergibt sich ausschließlich durch die Korngröße des Zuschlages, welche bei Mörtel einen Wert von 4 mm nicht übersteigen darf. Weiterhin muss ein Beton bei Temperaturen von unter 400 °C erhärten, wodurch er sich von Keramiken und Glas abgrenzt. Thermoplastische Baustoffe wie Bitumen wird jedoch von der Definition von Beton mit eingeschlossen [6].

2.2.2 Inhaltsstoffe

2.2.2.1 Zement

Zement ist ein hydraulisch erhärtender Baustoff[2], welcher als Bindemittel des Stoffsystems Beton fungiert und während der Erhärtung in seiner flüssigen Form auch Zementleim genannt wird. Die chemische Zusammensetzung ist eine Kombination des Ausgangsstoffs CaO mit den weiteren Komponenten SiO_2, Al_2O_3 und Fe_2O_3. Portlandzement (PZ) ist der Hauptbestandteil aller nach DIN genormten Zemente und besteht zu 100 % aus diesen vier Stoffen. Diese so genannten Klinkerphasen entstehen während der Hydratation und tragen maßgeblich zu den spezifischen Eigenschaften eines Zementsteins bei (eine Auflistung der Klinkerphasen und ihrer Eigenschaften findet sich in Tabelle 2.1). Je nach Quelle beträgt die Mindestdruckfestigkeit 25 bzw. 32,5 N/mm^2 [2, 7].

Zur Herstellung von Zement muss der Rohstoff (z.B. Kalkstein) gefördert und in einer Anlage vermahlen und bei 145 °C getrocknet werden. Nach diesem Vorgang wird der Stein mit Gips

Tabelle 2.1: Portlandzementklinkerphasen und ihre zementtechnischen Eigenschaften (vereinfacht aus [7]).

Klinkerphase	Chemische Formel	Masseanteil in %	Eigenschaften
Tricalcium-silikat	$3CaO \cdot SiO_2$	45-80	schnelle Erhärtung, hohe Hydratationswärme
Dicalcium- silikat	$2CaO \cdot SiO_2$	0-30	langsame, stetige Erhärtung, niedrige Hydratationswärme
Tricalcium-aluminat	$3CaO \cdot Al_2O_3$	7-15	in größerer Menge schnelles Erstarren, schnelle Anfangserhärtung, anfällig gegen Sulfatwässer, erhöhtes Schwinden
Calcium-aluminatferrit	$2CaO \cdot (Al_2O_3, Fe_2O_3)$	4-14	langsame Erhärtung, widerstandsfähig gegen Sulfatwässer
freier Kalk	CaO	0,1-3	in größeren Mengen: Kalktreiben
freie Magnesia	MgO	0,5-4,5	in größeren Mengen: Magnesiatreiben

[2] Anstatt in seiner ursprünglichen Bedeutung, beschreibt der Begriff „hydraulisch“ auch die Eigenschaft eines beliebigen Stoffes mit Wasser zu reagieren.

($CaSO_4$) und entsprechenden Zusätzen vermischt, um die gewünschten Eigenschaften des Zements zu erreichen.

2.2.2.2 Gesteinskörnung

Die Gesteinskörnung ist ein Bestandteil von Beton, der in Form eines körnigen Materials hinzugegeben wird. Dieses Material besteht aus natürlich gewonnenen oder künstlich hergestellten Steinen, die bestimmte Randbedingungen erfüllen müssen. Der Stein muss unter der Einwirkung von Wasser stabil sein und darf keine herauslösbaren, betonschädlichen Bestandteile haben. Mit einem Volumenanteil von bis zu 80% eines Betons ist der Zuschlag in vielen Fällen der Hauptbestandteil des Baustoffs und erhält seine Stabilität durch den Zementleim. Die Stoffe, die als Gesteinskörnung genutzt werden dürfen, werden in verschiedene Kategorien unterteilt und beeinflussen die Eigenschaften des Betons in entscheidendem Maße. Je nach den Gesteinseigenschaften Dichte, Rohdichte, Wasseraufnahme, Druckfestigkeit, Elastizitätsmodul, Wärmedehnzahl und Frost-Tau-Widerstand muss die Gesteinskörnung bei zusätzlicher Bestimmung der Korngruppe[3] auf die spezifischen Anforderungen an den Beton ausgewählt werden.

2.2.2.3 Zusatzstoffe

Zusatzstoffe oder auch Betonzusatzmittel werden dem Beton beigemischt, um bestimmte Eigenschaften den Anforderungen gemäß zu beeinflussen. Der Höchstwert beträgt je nach Betonart ca. 20-70 ml oder g je kg Zement und ist für das Betonvolumen daher irrelevant. Da der Beton durch Zusätze jedoch auch negativ beeinflusst werden kann, ist eine vorherige Prüfung des Betons notwendig. In DIN 1045-2 werden Tragwerke aus Beton, Stahl- und Spannbeton in ihren Eigenschaften und ihrer Herstellung beschrieben. Darunter werden auch die Anforderungen an Betonzusatzmittel definiert. Der Fachverband Schweizer Hersteller von Betonzusatzmitteln unterscheidet verschiedene Formen von Zusatzstoffen [8], wie z.B. Betonverflüssiger, Luftporenbildner, Erstarrungsbeschleuniger usw.

2.2.2.4 Fasern

Fasern werden in Beton eingebracht, um vor allem die Zugfestigkeit zu erhöhen, die einen der Schwachpunkte von Beton darstellt. Hierfür werden diverse Materialien verwendet, die

[3] Die Korngruppe wird durch den kleinsten und den größten Durchmesser des verwendeten Gesteins bestimmt (z.B. Korngrößen zwischen 2 und 10 mm).

in der Form einer Faser (geringer Durchschnitt, große Länge) ein hohes Elastizitätsmodul sowie eine gute Zugfestigkeit aufweisen.

Einige der hierfür in Frage kommenden Materialien sind Stahl, Glasfasern, Kunststoffe sowie Kohlenstofffasern.

2.2.2.5 Bewehrung

Beton verfügt zwar über eine hohe Druckfestigkeit (z.B. ca. 50 N/mm^2 bei Portlandzement der geringsten Festigkeitsklasse 32,5 nach [9]) aber weiterhin über eine geringe Zugfestigkeit. Diese liegt bei der Erprobung der zentrischen Zugfestigkeit zwischen 1,5 und 4 N/mm^2. Bei üblichen Betonen liegt auch die Biegezugfestigkeit nur bei ca. 3-8 N/mm^2. Der Einsatz von Bewehrungsstahl erhöht die Stabilität gegen Zug- und Druckkräfte. Normaler Bewehrungsstahl wird mit einem Durchmesser von 6-28 mm einbetoniert. Dabei haben die heute verwendeten Stähle eine minimale Zugfestigkeit von 500 bzw. 550 N/mm^2 (nach DIN 488). Weiterhin kommen auch Betonstahlmatten aus etwas dünneren Stäben (4-12 mm) zum Einsatz, die durch Punktschweißen zu einem stabilen Geflecht aufgebaut werden. Die Oberfläche der Stähle ist dabei gerippt, um eine möglichst gute Anbindung an den Zement zu schaffen. Glatte Oberflächen führen zu vergrößerten Spaltbreiten, woraus sich eine erhöhte Korrosionsgefahr ergibt [7].

Eine zusätzlich erhöhte Stabilität des Betons kann durch das Vorspannen des Bewehrungsstahls erreicht werden. Dazu wird der Stahl entsprechend in Anker gespannt und anschließend der Beton vergossen. Nach der Erhärtung des Betons werden die Anker gelöst, wodurch der Beton die Kräfte aufnimmt. Anders, als in einem normalen bewehrten Beton (Abbildung 2.1 oben) ergibt sich eine Verteilung von Zug- und Druckspannungen innerhalb des Betonteils (siehe Abbildung 2.1 Mitte) ohne äußere Einwirkungen. Wirkt nun eine erwartete Kraft $F_{erw.}$ auf das Bauteil, gleicht diese zunächst die bereits bestehenden Kräfte $F_{sp.}$ aus (2.1 unten).

Da Spannstähle besonders hohen Belastungen ausgesetzt sind, müssen diese eine besonders hohe Festigkeit aufweisen. Dies wird durch besondere Herstellungsverfahren, sowie einen hohen Kohlenstoffanteil erreicht. Genormte Spannstähle erreichen eine Zugfestigkeit von 1030 bis 1230 N/mm^2.

2.2.3 Bildung von Zementstein

Nach dem Vermischen von Anmachwasser und Zement beginnt eine Kette von verschiedenen Reaktionen, die nach einiger Zeit, in Abhängigkeit verschiedener Faktoren (siehe unten) zu hartem Zementstein führen. Man kann die Entwicklung vom Zementleim zum Zementstein in drei Phasen unterteilen.

Phase 1: Anmachen

Die Zugabe von Anmachwasser führt bei Zement durch chemische Reaktionen zu der Bildung von Zementstein (siehe Kapitel 2.2.3). Für die Herstellung ist grundsätzlich jedes Trink- und natürlich vorkommende Wasser geeignet. In Abhängigkeit vom Verhältnis zwischen Wasser und Zement kann diese entweder unvollständig ablaufen und es sind noch Reste von reaktivem Zementklinker vorhanden oder die Reaktion läuft komplett ab und es gibt überschüssiges Wasser. Da der Zement während der Reaktion langsam erstarrt bilden sich Reservoirs von Wasser oder Zement im Inneren des Steins. Dies hat einen hohen Einfluss auf die Beschaffenheit und daher muss das Verhältnis der beiden Reaktanden der Anwendung entsprechend genau ermittelt werden. Der w/z-Wert ($\frac{m_{Wasser}}{m_{Zement}}$) wurde auf seine Auswirkungen genau untersucht und ist ein wichtiger Faktor bei der Herstellung von qualitativ hochwertigem Zementstein und Beton.

Zunächst findet die *Hydrolyse* direkt nach der Zugabe des Anmachwassers statt. Die Reaktion setzt sehr schnell ein und dabei wird ein Teil des in den Klinkerphasen enthaltenen Kalks von dem Wasser gelöst. In dieser Phase, die zwischen einer und vier Stunden dauern kann, kommt es durch die Bildung von OH^--Ionen zu einem stark alkalischen Milieu mit einem pH-Wert von mehr als 12,5:

$$CaO + H_2O \rightarrow Ca^{2+} + 2OH^-. \tag{2.1}$$

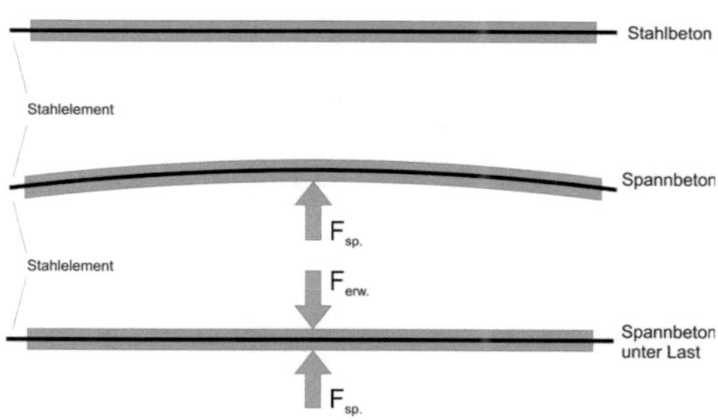

Abbildung 2.1: Wirkungsweise von Spannbeton.

Durch den hohen pH-Wert wird Korrosion nachhaltig verhindert. Die Bewehrung in Stahl- und Spannbeton wird von einer Passivierungsschicht umgeben und verhindert dadurch Reaktionen, die ansonsten zu einer Schädigung des Stahls führen würden. Während dieser Zeit liegt eine Suspension von vermahlenen Zementkörnern und Wasser vor. Daher kann der Zement nun perfekt gegossen, verarbeitet und verdichtet werden. Weiterhin bildet sich um die Zementkörner eine dünne Schicht Hydratphasen, die das Korn vor einer unmittelbaren Reaktion schützen. In diesem Zustand, der auch in einem alten Beton auftreten kann, werden diese Einheiten *Zementgel* genannt. In der folgenden Ruhezeit diffundieren Wassermoleküle ins Innere dieser Verbindung und es kommt zu einem Druckaufbau. Wird dieser Druck zu groß, platzt die Hülle des Zementgels auf und die folgenden Reaktionen laufen schneller ab.

Phase 2: Erstarren

In dieser Phase platzen die Gelhüllen auf und es bilden sich lange, nadelartige Kristalle aus Calciumsilikathydrat (CSH). Abbildung 2.2 (links) zeigt eine ESEM (Environmental Scanning Elektron Mikroscope)-Aufnahme nach drei Stunden Hydratation auf der man erste Ansätze der CSH-Phase als nadelförmige Gebilde erkennen kann. Diese wachsen weiter und es entstehen erste Verbindungen verschiedener Zementgelkörner. Dadurch wird aus der Suspension eine zusammenhängende Masse, die das Grundgerüst des Zementsteins bildet und mit fortschreitender Reaktionsdauer immer fester wird. Zwischen den Kristalliten bilden sich zusätzlich Ansammlungen von kristallinem $Ca(OH)_2$. Tiefe Temperaturen unter 5 °C oder Verzögerungszusätze sorgen für eine längere Erstarrungsphase, die im Normalfall etwa 24 Stunden dauert. Dies führt zu einem erhöhten Wachstum von langfaserigen CSH-Phasen, welche dadurch zu einem festeren Gefüge zusammenwachsen. Werden auf Grund erhöhter Temperaturen oder Beschleunigungszusätzen weniger Brücken zwischen den Zementgelelementen aufgebaut, wird der Zement brüchiger und weniger widerstandsfähig. Im Zement enthaltene Sulfate in Form von Gips oder anderen Trägern bilden mit Tricalciumaluminat das so genannte Ettringit oder auch Trisulfat ($3CaO \cdot Al_2O_3 \cdot 3CaSO_4 \cdot 32H_2O$), welches ebenfalls in Abbildung 2.2 (links) zu sehen ist.

Phase 3: Erhärtung

Abbildung 2.2 (rechts) zeigt eine ESEM-Aufnahme von Zementstein nach einer Hydratationsdauer von 28 Tagen. Zu diesem Zeitpunkt gilt der Zementstein als stark erhärtet, weshalb die Härte des Zements normalerweise an dieser Stelle ermittelt wird, um verschiedene Zementsteine miteinander vergleichen zu können. Zwar nimmt die Härte noch weiter zu, wächst aber nur noch langsam im Vergleich zu frühen Phasen der Hydratation. Die Aufnahme zeigt

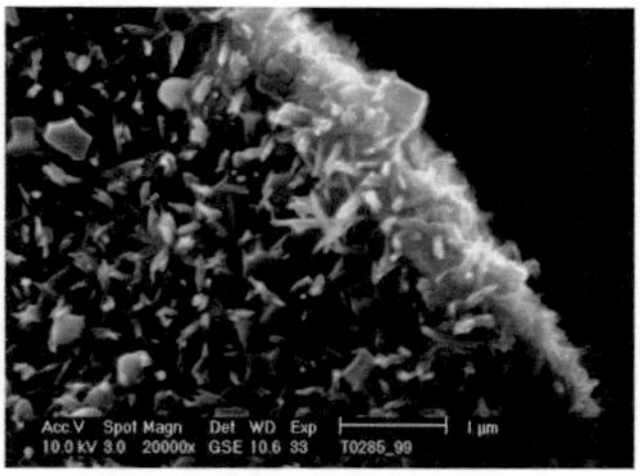

Abbildung 2.2: Links: ESEM-Aufnahme von Zementstein nach drei Stunden Hydratation. Sichtbar sind erste nadelige CSH-Primärkristallite und kurzstengelige prismatische Ettringitkristalle. Rechts: ESEM-Aufnahme von Zementstein nach 28 Tagen Hydratation. Sichtbar sind das dichte CSH-Gefüge und bankige Calciumhydroxidkristalle [2].

das sehr dichte CSH-Gefüge und weiterhin die $Ca(OH)_2$-Kristalle, die schon in der zweiten Phase beginnen sich anzulagern.

Abbildung 2.3 zeigt den Verlauf der Hydratation über alle drei Phasen. Nach den ersten 24 Stunden bilden sich nur noch kurze CSH-Kristalle aus und der Porenraum wird immer geringer. Die dadurch verlangsamte Hydratationsgeschwindigkeit führt daher auch zu einer abflachenden Kurve in der Härteentwicklung. Ist der zugesetzte Gips aufgebraucht, wird in Phase 2 gebildetes Trisulfat nun in einer Reaktion mit weiterem vorhandenen *Tricalciumaluminat* zu Monosulfat umgewandelt. Weiterhin kommt es zur Bildung von Tetracalciumaluminathydrat und Tetracalciumaluminatferrithydrat aus den vorhandenen Klinkerphasen, ebenfalls, wenn kein Gips mehr vorhanden ist.

Hydratationswärme

Während des gesamten Hydratationsvorgangs wird Energie durch die chemischen Reaktionen freigesetzt. Die dadurch entstehende Wärmeentwicklung hängt unmittelbar von der Klinkerphase ab und wird in J/g angegeben. Die Schnelligkeit, mit der sich frischer Beton bei der Hydratation erwärmt, hängt von der Reaktionsgeschwindigkeit ab, welche durch Klinkerphase und Mahlfeinheit des Zements bestimmt werden. Schnell ablaufende Reaktionen und eine damit verbundene schnellere Erwärmung führen zu einem Wachstum der Höchsttemperatur des frischen Betons während der Hydratation. Je höher die Temperatur ist, desto größer ist die maximale Ausdehnung des Betons. Durch das Erstarren wandeln sich die Druckkräfte während der Abkühlung des Betons in Zugkräfte. Da der Zement aber nur eine geringe Zugfestigkeit aufweist, steht die Höchsttemperatur in unmittelbarem Zusammenhang mit der Wahrscheinlichkeit, dass Risse entstehen [10].

2.2.4 Die Entwicklung des Porenraums

Zementstein entspricht in seinem Volumen den beiden Komponenten Zement und Wasser. Während der Hydratation kann jedoch ein Teil des Wassers chemisch sorbiert werden. Bei diesem Vorgang wird das Wasser in vorhandene Kristallstrukturen eingebaut und trägt damit nicht mehr zu dem Volumen bei. Dieses Schrumpfen führt jedoch zu keiner Verringerung der äußeren Abmessungen oder zu Rissen, sondern lediglich zu feinen Poren, die innerhalb des Zementsteins verteilt sind.

Da sich Anmachwasser und Zementklinker in der Hydratationsreaktion verbrauchen, hängt die Struktur des Zementsteins stark vom w/z-Wert ab. Tabelle 2.2 zeigt die Bezeichnungen und die Größen verschiedener, in Zementstein vorkommender Poren. Gelporen bezeichnen Einschlüsse, die von Zementstein umgeben sind, während Kapillarporen ein weit verzweigtes Netz aufspannen und auch ineinander übergehen können. Steht mehr Wasser für die Reaktion zur Verfügung als notwendig, wird das Wasser nicht aufgebraucht und verbleibt im Zementstein bis es verdunstet. Dadurch kommt es zu zusammenhängenden Kapillarporen, die zunächst mit Wasser gefüllt sind.

Ist hingegen zu wenig Anmachwasser hinzugegeben worden, bleiben Reste von unhydratisiertem Zementklinker im Gefüge enthalten, Kapillarporen entstehen jedoch nicht. Wie in

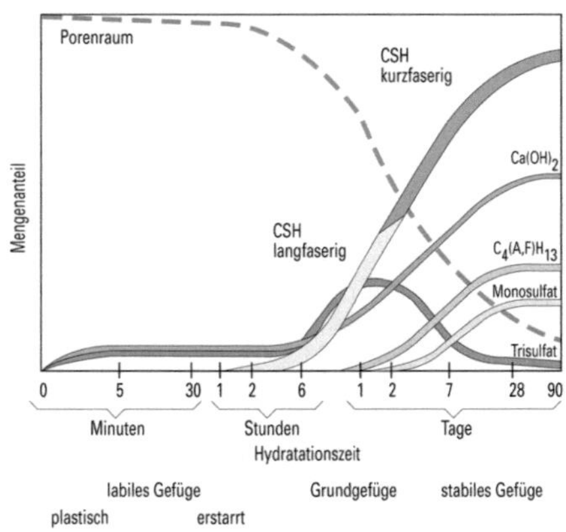

Abbildung 2.3: Schematische Darstellung der Bildung der Hydratphasen bei der Hydratation des Zements [2].

Tabelle 2.2: Bezeichnung und Größe von verschiedenen Poren in Beton [11].

Name	Größe (in m)
Macrokapillarporen	$< 1 \cdot 10^{-3}$
Mesokapillarporen	$< 30 \cdot 10^{-6}$
Mikrokapillarporen	$< 1 \cdot 10^{-6}$
Mesogelporen	$< 30 \cdot 10^{-9}$
Mikrogelporen	$< 1 \cdot 10^{-9}$

Abbildung 2.4 zu sehen ist, gibt es im Optimum bei einem w/z-Wert von 0,4 weder Kapillarporen noch unhydratisierten Zement. Der Anteil von Zementgel (-stein) ist maximal und liegt dann bei 70%, was eine besonders hohe Druckfestigkeit bedeutet. Gelporen nehmen ein Volumen von ca. 20% ein und Luftporen sind entsprechend zu 10% enthalten. Während der Hydratation eingeschlossene Luft, die beim Verrühren oder durch die Verarbeitung in den Zementleim eingebracht wird, entweicht nicht vollständig und bleibt im Stein enthalten. Durch Verdichtung des frischen Betons wird versucht, den Anteil an Luftporen so gering wie möglich zu halten, es ist jedoch nicht möglich die Bildung einiger Luftporen zu verhindern. Das Verdichten wird mit Rüttlern durchgeführt, wobei die enthaltene Luft durch die entstehenden Vibrationen nach oben steigt und entweichen kann.

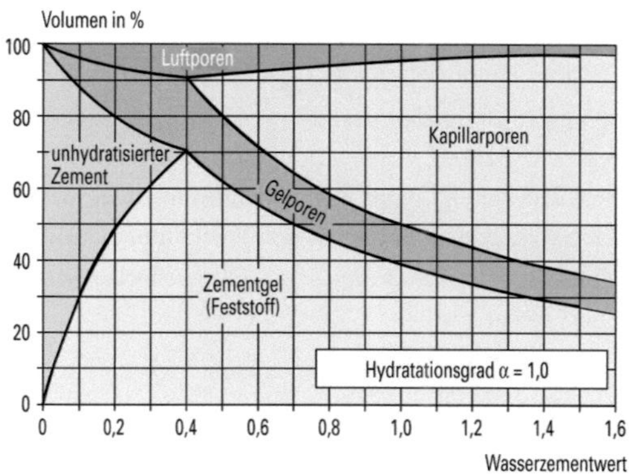

Abbildung 2.4: Zusammensetzung des Zementsteinvolumens in Abhängigkeit vom w/z-Wert [2].

2.2.5 Betonkorrosion

Ein Bauwerk aus Beton entspricht in seinen Eigenschaften nach seiner Fertigstellung den Erfordernissen denen es ausgesetzt wird, falls es ausreichend sorgfältig geplant und gebaut wurde. Haben die verwendeten Materialien ebenfalls den Planungen entsprochen, ist mit einer hohen Lebensdauer zu rechnen. Dennoch gilt es, Veränderungen an einem Bauwerk zu überwachen und zu beurteilen. Ein Bauwerk ist einer Vielzahl von Einflüssen ausgesetzt, die den Beton schädigen können und somit zu einer Verkürzung der Nutzungsdauer oder hohen Instandhaltungskosten führen.

2.2.5.1 Chemische Angriffe

Durch verschiedene Säuren kann der Beton angegriffen werden und zu einer erhöhten Löslichkeit des Zementsteins führen. Hierbei findet der Angriff normalerweise von außen nach innen statt, die ersten Auswirkungen eines Säure-Angriffs werden also an der Oberfläche sichtbar. Beispielsweise zersetzt Salzsäure den Zementbestandteil Kalziumhydroxid in das leicht lösliche Kalziumchlorid [12]:

$$2HCl + Ca(OH)_2 \longrightarrow CaCl_2 + 2H_2O.$$

Zudem können sich Fette und Öle lösend auf Zementstein auswirken. Sie dringen in trockenen Beton ein, wo tierische und pflanzliche Öle in Glycerin und Fettsäuren gespalten werden. Diese können den Zementstein durch die Bildung von Kalksalzen lösen:

$$Fettsäureglycerid + Calciumhydroxid \rightarrow Calciumseife + Glycerin.$$

Größere Schäden durch diese Reaktionen sind bislang allerdings nur in der entsprechenden Industrie aufgetreten. Auch Salze, wie sie in Gewässern vorkommen, starke Basen und weiches Wasser können den Zementstein lösend angreifen. Diese Mechanismen sollen an dieser Stelle jedoch nicht weiter betrachtet werden.

Weiterhin gibt es chemische Angriffe, die nicht von außen wirken, sondern zu Reaktionen innerhalb des Betons führen. Sollten die Reaktionsprodukte ein größeres Volumen als die Ausgangsstoffe haben, kann der entstehende Druck zu Rissen und Abplatzungen führen. Man spricht in diesem Fall von treibenden Angriffen, die von Schwefelsäure, Magnesium, Thaumasit und weiteren Reaktanden ausgelöst werden können. Wie bei der Hydratation von frischem Beton, führen Sulfate, die in Wasser gelöst in den Beton eindringen, zu der Bildung von Ettringit. Anders als bei dem Frischbeton ist der Zementstein jedoch erhärtet und kann die Volumenzunahme durch die Reaktion nicht mehr ausgleichen. Es entstehen Zugspannungen, die zu Treibrissen oder Abplatzungen an der Oberfläche führen. Man spricht von Ettringittreiben. Treibende Angriffe mit anderen Ursachen wie Magnesia und Kalk spielen heute durch die strenge Qualitätskontrolle bei der Herstellung eines Betons so gut wie keine Rolle. Dahingegen stellt die Alkali-Kieselsäure-Reaktion (AKR) eine in der Praxis relevante Gefahrenquelle für Betonbauten dar. Die in der Porenlösung vorhandenen Alkalihydroxide KOH und $NaOH$ reagieren mit Kieselsäure (z.B. $Si(OH)_4$) zu einem Gel mit hohem Volumen. Durch einen Grenzwert für SiO_2 in Zement ist eine Gefahr durch diese Reaktion vermindert.

2.2.5.2 Physikalische Angriffe

Neben mechanischen Belastungen sind Frostangriffe eine starke Gefahrenquelle für Beton. Durch die Volumenzunahme von Wasser beim Wechsel des Aggregatzustands von flüssig zu fest kommt es zu starken Zugspannungen innerhalb des Betons und es entstehen Risse und Abplatzungen. Ein guter Schutz gegen Schädigungen dieser Art besteht in der Dichtheit des Betons. Je weniger Wasser in das Porensystem eindringen kann, desto geringer sind die wirkenden Kräfte. Weiterhin hat der Einsatz von Luftporenbildnern zu einer Erhöhung des Frostwiderstands geführt. Luftporen mit einer Größe zwischen denen der vorhandenen Kapillarporen und ca. 300 µm müssen über den gesamten Zementstein verteilt sein. Hierdurch kann sich der Gefrierdruck in die Luftporen hinein abbauen.

Weiterhin können verschiedene Wärmeausdehnungskoeffizienten für Risse verantwortlich sein. Durch Verschiebungen zwischen Zement und Zuschlag innerhalb des Betons kommt es zu Spannungen und schließlich zu Rissen.

2.2.5.3 Biologische Angriffe

Mikroorganismen können ebenso zu einer Schädigung von Beton führen. Beispielsweise können sich auf einer Betonoberfläche Biofilme bilden, die durch ihre Eigenschaften eine erhöhte Belastung für den Beton darstellen. Zu diesen Eigenschaften zählen vermehrter Schadstoffeintrag durch Absorption oder Veränderungen im Feuchtehaushalt des Betons.

Ein konkretes Beispiel für einen biologischen Angriff ist der *Thiobacillus Thiooxidans*, der für einen lösenden Angriff auf Beton verantwortlich sein kann. Der Stoffwechsel dieses Bakteriums resultiert in Schwefelsäure, die den pH-Wert deutlich absenkt und damit den Beton angreifen kann. Diese Schädigung kommt oftmals in Abwasserrohren oder auch Biogasanlagen vor, wo Schwefel, Sulfide oder andere Schwefelverbindungen für den Stoffwechselprozess zur Verfügung stehen [13].

2.2.6 Stahlkorrosion

Die Korrosion von Metallen ist eine Oxidationsreaktion. Es findet also eine Umwandlung von einem Metall zu seinem Ion und freien Elektronen statt. Im Allgemeinen ist dafür eine hohe rel. Luftfeuchte (ab 70 %) notwendig. So ist die Gefahr von Stahlkorrosion im Winter wegen der hohen Luftfeuchten doppelt so groß wie im Sommer und in tropischem Klima 20-mal so groß wie in gemäßigten Klimazonen. Die Reaktionsfreudigkeit eines Stoffs lässt sich durch sein Eigenpotential bestimmen. Diese Potentiale werden traditionsgemäß gegen die Normalwasserstoffelektrode gemessen und zeigen an, wie leicht einem Stoff die Elektronen entzogen werden können. In Tabelle 2.3 sind verschiedene Metalle und ihr Potential gegenüber der Normalwasserstoffelektrode in der so genannten Normalspannungsreihe gezeigt. Je höher das Potential ist, desto edler ist das Metall und desto langsamer läuft die Oxidationsreaktion ab.

Tabelle 2.3: Elektronegativität von Metallen.

Mg	Al	Zn	Fe	Pb	H_2	Cu	Ag
-2,40	-1,69	-0,76	-0,44	-0,13	0	+0,35	+0,81
unedel							edel

Damit Korrosion stattfinden kann, müssen verschiedene Bedingungen erfüllt werden. Zunächst müssen Anode und Kathode vorhanden sein. Es müssen zwei Elektroden mit Potentialunterschied vorliegen, welche elektrisch leitend verbunden sind. Dies ist in den Stahlstreben immer der Fall, da Potentialdifferenzen durch unterschiedliche Verformungszustände, Legierungen oder andere Inhomogenitäten auftreten können. Weiterhin müssen diese beiden Elektroden Kontakt mit einem Elektrolyten haben.

Man unterscheidet zwischen verschiedenen Arten der Korrosion. Je nach Typ werden entweder Wasserstoff oder Sauerstoff freigesetzt, weshalb man diese Reaktionen Korrosion nach dem Wasserstofftyp oder dem Sauerstofftyp nennt. Die Korrosion nach dem Wasserstofftyp findet in einer sauren Umgebung bei einem pH-Wert $\leq$4,5 statt und soll daher an dieser Stelle nicht untersucht werden. Für eine Reaktion nach dem Sauerstofftyp muss der Kathode Sauerstoff zur Verfügung stehen, damit es zu Korrosion kommt. Hierbei läuft eine Reaktion ab, für die sowohl Wasser, als auch Sauerstoff notwendig ist:

$$4\,e^- + 2\,H_2O + O_2 \rightarrow 4\,OH^- \tag{2.2}$$

Die Anode ist hierbei grundsätzlich die Elektrode, die bei der Reaktion zersetzt wird. Eisen wird oxidiert und zersetzt sich: $Fe \rightarrow Fe^{2+} + 2\,e^-$. Weiterhin bildet sich zwischen Anode und Kathode Rost aus Eisen-(III)-Oxidhydrat.

Dabei bilden sich verschiedene Korrosionsbilder aus, die in vier Hauptkategorien eingeteilt werden können.

1. Ebenflächige Korrosion
2. Lochfraß- oder Narbenkorrosion
3. Interkristalline Korrosion
4. Transkristalline Korrosion

In der Praxis von Stahlbetonbauwerken sind jedoch nur die ebenflächige bzw. die Lochfraßkorrosion von Bedeutung. Diese treten in Abhängigkeit von der Elektrodenkonfiguration auf und sind damit abhängig von der Größe der Elektroden. Während für eine gleichmäßige Korrosionsfläche eine große Anode im Vergleich zur Kathode nötig ist, kommt es nur zu Lochfraß, wenn dieses Verhältnis genau umgekehrt ist.

Normalerweise ist der Stahl in Beton vor der Korrosion geschützt. Durch den hohen pH-Wert der Porenlösung wird der Stahl mit einer Passivierungsschicht aus Fe_2O_3 umgeben. Im Pourbaix-Diagramm für Eisen (vgl. Abbildung 2.5) ist das Verhalten in Abhängigkeit von pH-Wert und Elektrodenpotential dargestellt. Liegt keine externe Spannung an, ist der Bewehrungsstahl (in erster Näherung können die Korrosionseigenschaften von Bewehrungsstahl und Eisen gleichgesetzt werden) in einer Umgebung mit einem pH-Wert von 9,5 oder höher vor Korrosion geschützt. Sinkt der pH-Wert unter diese Grenze, kann Eisen in einer elektrochemischen Reaktion abgetragen werden. Wird das Potential des Stahls mit einer externen Spannungsquelle abgesenkt, kommt es zu einer Immunisierung und es werden keine Elektronen herausgelöst, selbst wenn der pH-Wert stark absinkt. In einem Sonderfall, wie in dem Diagramm zu sehen, kommt es auch zur Korrosion, wenn der pH-Wert > 13 ist und ein Potential von ca. -0,7 V vorliegt.

Das bedeutet, dass unter normalen Umständen keine Korrosion an Bewehrungsstahl stattfinden kann, wenn der pH-Wert in der Betonporenlösung hoch genug ist. Das stimmt grundsätzlich, wenn nicht noch andere Reaktionspartner an den Stahl transportiert werden und Korrosion verursachen. Man unterscheidet grundsätzlich zwischen der normalen Sauerstoffkorrosion und der Chloridkorrosion. Durch Einwirkungen von Chlor-Salzen kann es zu Kor-

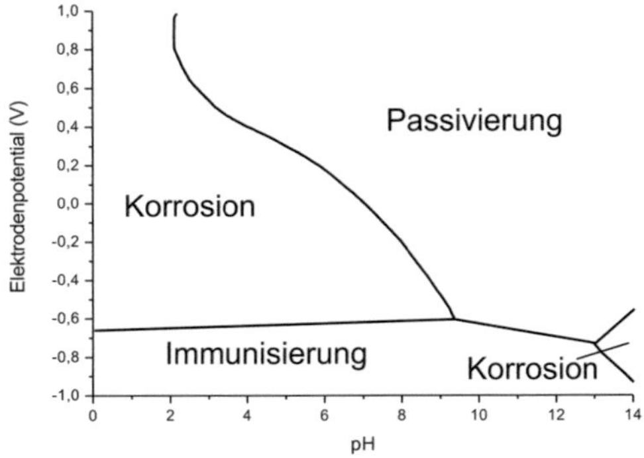

Abbildung 2.5: Vereinfachtes Pourbaix-Diagramm der verschiedenen Reaktionsprodukte von Eisen (nach [14]).

rosion kommen, auch wenn der pH-Wert höher ist als 9,5. Diese können zu einer örtlichen Depassivierung des Stahls führen und so Korrosion herbeiführen.

2.3 Feuchtigkeit

2.3.1 Einleitung

Für die Beschreibung des Feuchtigkeitsgehalts in Stahlbetonbauwerken sind freies Wasser und Wasserdampf gleichermaßen von großer Bedeutung. Für den Gehalt von Wasser in der Luft werden verschiedene Größen, wie relative, absolute und spezifische Luftfeuchtigkeit und Sättigungsdampfdruck verwendet. In dieser Arbeit soll, soweit nicht anders geschildert, ausschließlich von relativer Luftfeuchtigkeit gesprochen werden. Im Folgenden soll die Bedeutung der Feuchtigkeit für den Stahlbeton hervorgehoben werden. Weiterhin sollen die Eigenschaften beleuchtet werden, die zu einer messtechnischen Erfassung genutzt werden können.

Die relative Luftfeuchte bezeichnet den tatsächlichen Wasserdampfgehalt der Luft in Bezug auf die Menge, die maximal gespeichert werden kann, ohne dass es zur Kondensation kommt. Betrachtet man eine Grenzfläche zwischen Wasser und Luft, findet dort eine Gleichgewichtsreaktion statt. Wassermoleküle werden aus dem Verbund der Flüssigkeit herausgelöst und gehen in die Luft über (Verdunstung). Anders herum treffen diese Moleküle wieder auf die Oberfläche und werden in den Flüssigkeitsverbund eingebunden (Kondensation). Solang sich die Umgebungsparameter nicht ändern, findet dies im Gleichgewicht statt und es herrscht eine mittlere relative Luftfeuchtigkeit von 100%. Hebt man nun die Temperatur an, werden durch die höhere, zur Verfügung stehende Energie mehr Moleküle verdunsten, was im Folgenden zu einer erhöhten Kondensationsrate führt. Das heißt, es stellt sich unabhängig von den Umgebungsparametern immer ein Gleichgewicht ein, der Absolutwert der in Luft vorhandenen Wassermoleküle variiert jedoch.

Der Zusammenhang zwischen relativer und absoluter Feuchte kann über das Verhältnis von Sättigungsdampfdruck E und vorherrschendem Dampfdruck e gebildet werden und wird in Prozent (%) angegeben.

$$rF = \frac{e}{E} \cdot 100\,\% \tag{2.3}$$

Der Sättigungsdampfdruck ist von der Energie W der Wassermoleküle abhängig und daher proportional zu der Boltzmann-Verteilung:

$$E = E_0 \cdot e^{-\frac{W}{k_B T}}. \tag{2.4}$$

Daraus ergibt sich eine starke Abhängigkeit von der Temperatur T. Basierend auf der Gleichung von Clausius-Clapeyron wurde der Zusammenhang zwischen dem Dampfdruck und der Temperatur über einer Oberfläche aus Wasser oder Eis berechnet [15]. Die Masse des Wasserdampfs in einem Volumen ergibt sich zur Dichte (ρ_w)

$$\rho_w = \frac{e}{R_w T} \tag{2.5}$$

mit der individuellen Gaskonstante R_w(vgl. Abbildung 2.6).

2.3.2 Bindungsarten

Wasser kann in Beton, oder allgemeiner, in einem Feststoff auf verschiedene Weise gebunden sein. Die Bindungskräfte sind unterschiedlich hoch und wirken sich somit auf mögliche Messverfahren aus. Im Folgenden werden einige für Beton relevante Bindungsformen, sortiert nach absteigenden Bindungskräften, erläutert [2, 16, 17].

1. Chemisch gebundenes Wasser (Kristallwasser)

Kristallwasser wird während des Hydratationsprozesses in die Hydratphasen eingebunden. Es bildet sich eine monomolekulare Schicht, die in die kristalline Struktur des Betons integriert ist. Eine Bestimmung des Kristallwassergehalts einer Probe durch thermo-gravimetrische Verfahren würde zu einer Zerstörung der Hydratationsprodukte führen.

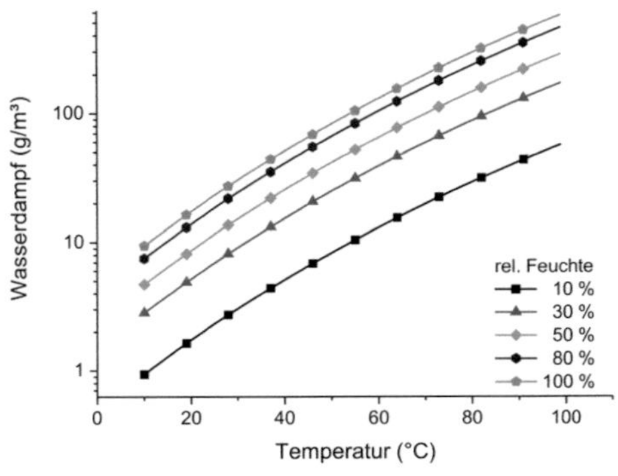

Abbildung 2.6: Die Menge an Wasserdampf pro Volumeneinheit ist in hohem Maße von der Temperatur abhängig (berechnet).

2. Adsorptionswasser (Haftwasser)

Im Gegensatz zur Chemisorption findet keine chemische Bindung zwischen Adsorbens und Adsorbat statt. Es handelt sich um eine physikalische Bindung, wo Wassermoleküle durch elektrostatische und van-der-Waals-Kräfte an Phasengrenzflächen gebunden werden und eine Polarisation des Adsorbaten stattfindet. Die Bindungsenergie der ersten monomolekularen Schicht ist am größten und nimmt mit jeder weiteren Schicht ab. Eine raue Oberfläche kann die Bildung von Haftwasser begünstigen. Adsorptionswasser kann durch hohe Temperaturen ausgetrieben werden, ohne die Struktur zu schädigen.

3. Adhäsionswasser

Adhäsionskräfte wirken an der Grenzfläche von zwei unterschiedlichen Stoffen. Im Allgemeinen wird in diesem Zusammenhang von der Haftung von Wasser an glatten Oberflächen gesprochen. Die Bindungskräfte sind geringer als bei Adsorptionswasser, eine klare Abgrenzung zu dieser Bindungsform ist jedoch nicht ohne Weiteres möglich.

4. Innenkapillarwasser (Zellwasser)

In den Kapillaren wird das Wasser physikalisch-mechanisch gebunden und die Eigenschaften des Wassers bleiben erhalten. Daher wird Wasser, das mit diesen oder noch geringeren Bindungskräften im Beton enthalten ist, als freies Wasser bezeichnet. Die Kapillarkräfte sind stark von dem Durchmesser und der Geometrie der Kapillaren abhängig und ein Körper wird als kapillar-porös bezeichnet, wenn die Bindungskräfte wesentlich größer als die wirkenden gravimetrischen Kräfte sind (im Gegensatz zu Tropfwasser). Mit zunehmendem Durchmesser der Kapillarporen sinkt die Bindungsenergie und die dazu proportionale Saughöhe. In Mikrokapillaren (<100 nm) kann die Wasseraufnahme aus der Luft erfolgen. Makrokapillaren (> 1 mm) nehmen Wasser jedoch erst bei direkter Benetzung auf.

5. Zwischenraumkapillarwasser

Zwischenraumkapillaren entstehen beispielsweise durch Zuschläge in Beton. Die Bindungskräfte sind im Vergleich zum Zellwasser geringer, da die Kapillaren größer sind. In Abhängigkeit von der Packungsdichte und der Korngröße nimmt der Anteil an Zwischenraumkapillarwasser ab, der Anteil am Gesamtwassergehalt ist jedoch als dominierend anzusehen.

6. Tropfwasser

Wasser, das durch einwirkende Schwerkraft abtropfen kann, wird als Tropfwasser bezeichnet.

2.3.3 Maß der Feuchte

Im betontechnischen Sinn ist Feuchte der Anteil an Wasser, der dem Stoff entzogen werden kann, ohne dessen chemische Struktur zu verändern [18]. Für die Angabe des Feuchtegehalts in Beton ist demnach jeder Anteil des Wassers einzubeziehen, der durch Physisorption und Adhäsion, in Kapillaren oder als freies Wasser enthalten ist. Kristallwasser ist fest in die Struktur eingebunden und wird daher nicht mit einbezogen. Je nach Anwendung haben sich verschiedene Definitionen für die Bestimmung der Feuchte in Beton etabliert.

Der **Feuchtegehalt** u_m entspricht der Masse an Wasser m_w in einem Probekörper in Bezug auf seine Trockenmasse m_{tr}:

$$u_m = \frac{m_w}{m_{tr}}. \tag{2.6}$$

Der **Feuchteanteil** Ψ bezieht m_w auf die Masse des Probekörpers nach der Entnahme eines Probekörpers, also noch inklusive der enthaltenen Feuchte:

$$\Psi = \frac{m_w}{m}. \tag{2.7}$$

Der **Trockenmasseanteil** T beschreibt das Verhältnis zwischen Trockenmasse und Masse des enthaltenen Wassers:

$$T = \frac{m_{tr}}{m_{tr} - m_w}. \tag{2.8}$$

Da Beton ein sehr heterogener Stoff mit unterschiedlichen Zuschlägen sein kann, sind massebezogene Angaben nicht immer ausreichend, um unterschiedliche Proben miteinander zu vergleichen. Daher wird der volumenbezogene Feuchtegehalt in der Praxis häufig verwendet. Auch hier unterscheidet man zwischen **Feuchteanteil** ψ_V

$$\psi_V = \psi \cdot \rho \tag{2.9}$$

und **Feuchtegehalt** u_V

$$u_V = u_m \cdot \rho_{tr}. \tag{2.10}$$

Für diese Berechnung werden die Dichten des Wassers ρ und des trockenen Probekörpers ρ_{tr} benötigt.

2.3.4 Speicher- und Transportmechanismen in Beton

Ist ein poröser Stoff längerer Zeit konstanten Umweltbedingungen (Temperatur und relative Feuchte) ausgesetzt, stellt sich die so genannte Gleichgewichtsfeuchte ein. In Abhängigkeit von der relativen Feuchte (r.F.) und dem Durchmesser der Poren füllen sich diese mit Wasser. Tabelle 2.4 zeigt den Zusammenhang zwischen der relativen Luftfeuchte, dem Porenradius der wassergefüllten Poren, den wirkenden Kapillarkräften und der Bindungsstärke der Wassermoleküle beispielhaft für einen kapillarporösen Baustoff. So genannte Sorptionsisothermen, die den effektiven Wassergehalt in Abhängigkeit von der r.F. beschreiben, sind für jeden Beton unterschiedlich und stark von der Porenstruktur abhängig. Dabei kommt es zu einer hygroskopischen Hysterese, da bei der Adsorption aufgebaute Bindungen größere Kräfte bei der Desorption benötigen. Der Kennwert der Ausgleichsfeuchte eines Materials bezeichnet den Anteil Wasser an Feuchtigkeit in einem Probekörper, der bei einem konstanten Klima von 23 °C und 50% relative Feuchte für einen ausreichend langen Zeitraum gelagert wurde, damit sich die Gleichgewichtsfeuchte darin einstellen kann. Dieser Wert wird im Allgemeinen mit dem Feuchtegehalt u im Volumen- oder Masseverhältnis angegeben. Einige Normwerte für verschiedene Baustoffe sind [19, 20]:

	Bezeichnung	u in m^3/m^3
1.	Beton mit nichtporigen Zuschlägen	0,025
2.	Beton mit Leichtzuschlägen	0,03
3.	Mörtel	0,04
4.	Porenbeton	0,045

Tabelle 2.4 zeigt weiterhin, dass die festesten Bindungen monomolekulare Schichten an den Porenwänden sind, die bei geringen relativen Feuchten bis zu maximal 20% gebildet werden. Kondensation in den Kapillarporen mit einem Durchmesser von 4,4 nm findet bei 60% r.F. statt. Poren mit einem geringeren Durchmesser als 3,2 nm sind daher als ständig gefüllt anzusehen, da die relative Feuchte unter normalen Umständen selten unter 50% fällt. Ab einer relativen Luftfeuchte von 97% beginnt die Kondensation auch in Poren mit einem Durchmesser von mehr als 100 nm. Steigt die Luftfeuchte über 100%, setzt Kondensation auf benetzbaren Stoffoberflächen ein. Feuchtigkeit steht nun genügend zur Verfügung und der Beton kann theoretisch bis zur Sättigung mit Wasser gefüllt werden.

Für den Transport von Wasser in flüssigem, dampfförmigem oder molekularem Zustand sind vor allem Größen wie Temperatur, Konzentrationsunterschiede und Druck verantwortlich. Da viele Transportvorgänge unter praktischen Bedingungen keine Rolle spielen, kann man diese auf die beiden dominierenden reduzieren [22]. Der flüssig vorliegende Anteil der Materialfeuchte wird im Wesentlichen durch Kapillarleitung und der dampfförmige Anteil durch Diffusion transportiert.

Die Durchfeuchtung einer Pore in einem kapillarporösen Stoff kann nach Rose ([23]) in sechs Stadien unterteilt werden (siehe Abbildung 2.7). In Stadium A werden die Porenwände in

Tabelle 2.4: Füllung von Poren in Abhängigkeit vom Porendurchmesser und von der relativen Luftfeuchte bei 20 °C. A = Einlagige (monomolekulare) Belegung der Porenwände, sehr fest. B = Mehrlagige (multimolekulare) Belegung, feste Bindung. C = Kapillarkondensation, Wasser mäßig fest gebunden. D = Kapillares Saugen, locker gebunden. E = frei beweglich [21].

Durchmesser (nm)	rel. Feuchte (%)	Kapillarkraft (N/cm²)	Stärke der Wasserbindung
1	10	theoret. 30.000	A
1,2	16		A
1,4	20		B
3,2	50		B
4,4	60		B,C
6,3	70		B,C
8	76		C
10	80	3000	C
44	95		C
100	97	300	D
200	99		D
$>$ 100 µm	100	0,3	E

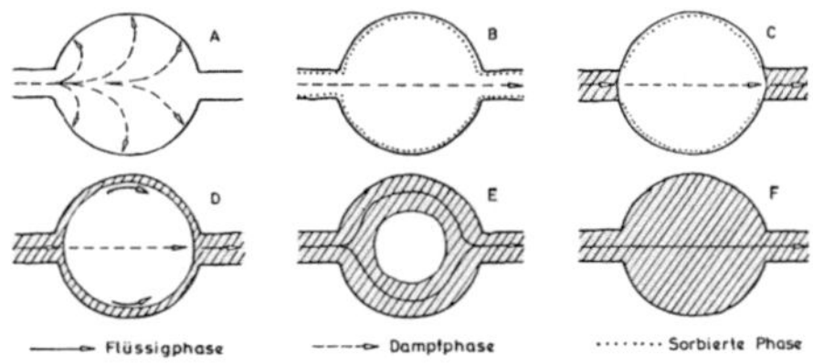

Abbildung 2.7: Transportmechanismen von Wasser in Flüssig- oder Dampfphase in Kapillarporen [19, 23].

einer ein- bis mehrmolekularen Schicht adsorbiert (Haftwasser). In diesem Stadium bindet die Pore das Wasser, so dass effektiv noch kein Transport stattfindet. Die Ausbildung der Wasserschicht setzt sich so lange fort, bis sich ein Gleichgewicht zwischen dieser Schicht und dem Feuchtegehalt der Luft eingestellt hat. An dieser Stelle ist der Zusammenhang zwischen Materialfeuchte und rel. Feuchte der Porenluft materialabhängig, aber eindeutig. Ist dieser Vorgang abgeschlossen, kann der Wasserdampf durch die Pore diffundieren (Stadium B). In Kapillaren mit kleinem Durchmesser kondensiert das Wasser eher. In diesem Stadium (C), sind die Zuleitungen zu der Pore bereits mit Wasser gefüllt, der Transport findet aber trotzdem ausschließlich durch Diffusion statt, da das Sorbat an den Porenwänden einen vernachlässigbaren Anteil zum Transport beiträgt. Vergrößert sich die Schichtdicke an der Porenwand über das Maß der Physisorption hinaus, kann ein nennenswerter Anteil des Wassers über die Flüssigphase transportiert werden (Stadium D). Der Anteil am Gesamtvolumen aus dem Transport in der Gasphase ist nun gering. In Stadium E ist lediglich noch eine frei schwimmende Blase im Wasser vorhanden und ist diese vollständig verschwunden (F), kann die Pore ungehindert durchströmt werden. Zu diesem Zeitpunkt kann das Darcy'sche Gesetz angewendet werden. Dies ist ein empirisch ermittelter Zusammenhang der transportierten Wassermenge und der Durchlässigkeit eines kapillarporösen Mediums [19].

Die Diffusion von Wasserdampf in Beton geht in seiner Beschreibung auf das 1. Fick'sche Gesetz zurück, welches den Massestrom eines Stoffes in einem Volumen beschreibt [24]. Es wird davon ausgegangen, dass in einem abgeschlossenen Volumen erst dann keine Diffusion mehr stattfindet, wenn keine Konzentrationsunterschiede zwischen den integralen Teilvolumina mehr auftreten. Die Ursache ist die Brown'sche Molekularbewegung, die zu Wechselwirkungen zwischen den einzelnen Molekülen führt. Durch die statistische Verteilung findet in einem Volumen ohne Konzentrationsgradient von außen betrachtet keine Bewegung statt. Ist die Dichte der Moleküle aber ungleichmäßig im Raum verteilt, werden die Moleküle durch räumlich unausgeglichene Wechselwirkungen in Richtung der geringeren Konzentration gestreut.

In Beton finden sich drei verschiedene Arten von Diffusion. Bei der Wasserdampfdiffusion findet der Massestrom hauptsächlich durch Wechselwirkungen untereinander statt, ein Molekül trifft also häufiger auf ein anderes Molekül als auf eine Porenwand. Die mittlere freie Weglänge muss damit sehr viel kleiner sein, als der Porendurchmesser. Dies ist der dominierende Effekt in kapillarporösem Beton und ist abhängig von der Temperatur. Sinkt diese ab, kommt es zu weniger Wechselwirkungen zwischen den Molekülen in der Luft und die Beweglichkeit nimmt ab. Der umgekehrte Effekt, eine Erhöhung der Beweglichkeit, tritt bei sinkendem Luftdruck auf. In sehr kleinen Poren ist die mittlere Weglänge eines Wassermoleküls geringer als der Porendurchmesser. In diesem Fall wird die Massenstromdichte durch die Porenwände beschränkt und nicht durch Wechselwirkungen mit anderen Molekülen bestimmt. Dieser Transportmechanismus, die Effusion, ist dem der Wasserdampfdiffusion sehr ähnlich ist [25].

Bei dem dritten Transportmechanismus handelt es sich um die Lösungsdiffusion. In beliebigen flüssigen oder quasi-flüssigen Bestandteilen diffundiertes Wasser verteilt sich in dem Medium, was direkt mit einer Wasserdurchlässigkeit gleichzusetzen ist. Dieses Medium kann sowohl eine Flüssigkeit sein, als auch diverse organische Polymere, Zementstein (Gelporen) oder auch Bitumen. Durch das Eindringen von Wasser beginnen die Polymere zu quillen, was die Diffusion begünstigt. Daher sind für Lösungsdiffusion in Polymeren keine Poren notwendig.

Für poröse Baustoffe wird in Deutschland im Allgemeinen die Diffusion auf Grund eines Gradienten des Wasserdampfpartialdrucks betrachtet. Diese leicht abgewandelte Version des 1. Fick'schen Gesetzes benutzt den Diffusionsleitkoeffizienten δ, der die Referenz an Luft darstellt, anstatt des Fick'schen Diffusionskoeffizienten D. Krischer [26] erweiterte diesen Ansatz um die Diffusionswiderstandszahl μ, welcher als praktisches Maß für die Wasserdampfdurchlässigkeit von Beton eingesetzt wird. Zudem ist $\dot{m}$ die Massenstromdichte in $\frac{\mathrm{kg}}{\mathrm{m^2 s}}$ und $\frac{\Delta p}{\Delta x}$ das Partialdruckgefälle.

$$\dot{m} \;=\; -D \cdot \frac{\Delta c}{\Delta x} = \delta \cdot \frac{\Delta p}{\Delta x} \Rightarrow \frac{\delta}{\mu} \cdot \frac{\Delta p}{\Delta x} \tag{2.11}$$

Die Diffusionswiderstandszahl ist größer, je trockener die Luft ist [27]. Bei einer relativen Feuchte von 50% liegt μ bei Betonen der Festigkeitsklassen B15 bis B45 zwischen 60 und 130 [19]. Bei verschiedenen Putzen liegt μ zwischen 15 und 35, und bei Porenbeton zwischen 5 und 10 [28]. Ist die rel. Luftfeuchtigkeit jedoch bei 90% oder höher, sind alle Betone in etwa gleich gute Wasserdampfleiter. μ variiert bei den Betonen B15 bis B45 zwischen 10 und 25.

Um die Dichtigkeit einer Baustoffschicht zu beschreiben, ist diese Größe jedoch nicht ausreichend, da die Dicke ebenfalls entscheidend dafür ist. Daher wurde die Größe der äquivalenten Luftschichtdicke s_d eingeführt. Sie beschreibt, wie dick eine Luftschicht sein müsste, um denselben Diffusionswiderstand zu haben wie ein Baustoff der Dicke s mit der Diffusionswiderstandszahl μ.

$$s_d = \mu \cdot s \tag{2.12}$$

Die Tabelle 2.5 zeigt die Klassifizierung verschiedener Beschichtungen, Abdichtungen und der Betone selbst.

Tabelle 2.5: Klassifizierung der äquivalenten Luftschichtdicke.

Bezeichnung	Beispiel	s in mm	s_d in m
Diffusionsoffene Schichten	Silikatanstrich	0,15	0,03
	B45 Beton (90 % r.F.)	250	6,25
-	Polyesterbeschichtung	1	2,5
Dampfbremsen	PE-Folie	0,4	40
	B45 Beton (40 % r.F.)	250	37,5
Dampfsperren	Heißbitumenaufstrich	1,5	150

2.3.5 Dielektrische Eigenschaften

Die elektrischen Eigenschaften von Wassermolekülen spielen eine große Rolle in der Detektion von Wasser. Die Permittivität beschreibt den Zusammenhang von elektrischer Feldstärke $\vec{E}$ und der elektrischen Flußdichte $\vec{D}$.

$$\vec{D} = \varepsilon_r \varepsilon_0 \vec{E} \tag{2.13}$$

Dabei beschreibt die elektrische Feldkonstante ε_0 diesen Zusammenhang im Vakuum und die relative Permittivität ε_r dient als Faktor zur Beschreibung unterschiedlicher Materialien. Diese komplexe Größe ist stark frequenzabhängig und ein Maß für die Speicherfähigkeit von Energie (Realteil ε_r') und die Verluste (Imaginärteil ε_r'').

$$\varepsilon_r = \varepsilon_r' + j\varepsilon_r'' \tag{2.14}$$

Die hohe Polarität des Wassermoleküls ist für die hohe Permittivitätszahl des Wassers bei kleinen Frequenzen verantwortlich [21]. Bis zu einer Frequenz von einigen GHz [29] ist die Permittivität konstant bei ca. 80 und nimmt dann stark ab (vgl. Abbildung 2.8 und [30][4]), während die thermischen Verluste (ε_r'') bei einer Frequenz von 18 GHz maximal sind. Die Energie eines elektrischen Feldes wird durch die Ausrichtung der polaren Wassermoleküle gespeichert. Übersteigt die Anregungsfrequenz die Relaxationszeit, fällt die Permittivitätszahl ab. Die hohen Verluste bei Frequenzen unter 1 MHz entstehen durch die Verschiebung von Ionen innerhalb von wässrigen Lösungen. Die angegeben Werte sind jedoch stark von verschiedenen Parametern wie Temperatur und Druck abhängig. Auch Fremdatome im Porenwasser, vor allem Salze tragen bei geringeren Frequenzen zu einer Verfälschung bei.

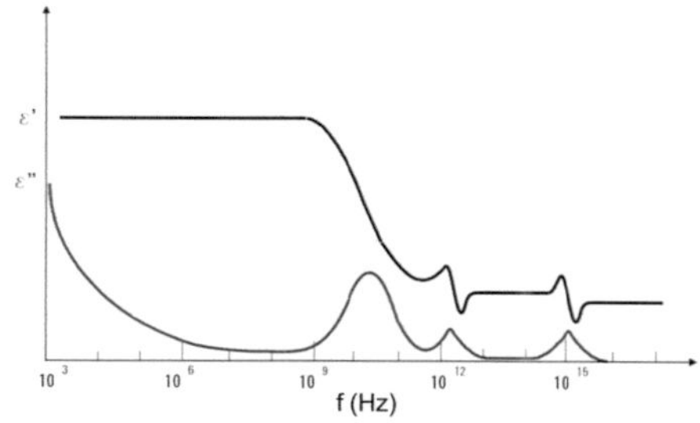

Abbildung 2.8: Permittivität in Abhängigkeit der Frequenz [29].

2.4 pH-Wert

2.4.1 Grundlagen

Der pH-Wert des Porenwassers in Beton hat eine große Aussagekraft über den Zustand des Bauwerks und zu erwartende Schäden. Junger Beton hat einen pH-Wert von 13,0 bis 13,8. Sinkt dieser auf einen Wert von ca. 9,5 ab, kann es zu Korrosion am Bewehrungsstahl kommen und die Eigenschaften zur Speicherung und dem Transport von Wasser werden beeinflusst. Dies erklärt sich durch die Lösung von KOH und $NaOH$ im Porenwasser nach der Hydratation. Calciumhydroxid bestimmt den pH-Wert des Anmachwassers kurz nach Beginn des

[4] Der exakte Zusammenhang der Permittivität von Wasser und der Frequenz weicht in verschiedenen Veröffentlichungen voneinander ab.

Mischvorgangs. In einem Liter Wasser sind in etwa 1,7·10^{-2} mol $Ca(OH)_2$ dissoziiert. Das ergibt bei der Umrechnung einen pH-Wert von 12,53.

2.4.2 Carbonatisierung

Unter der Carbonatisierung von Zementstein ist die Umwandlung von im Porenwasser gelösten (Erd-) Alkalihydroxiden unter Einfluss von Kohlendioxid zu Carbonat-Produkten zu verstehen. Diese Umwandlung erfolgt in drei Schritten [31, 32]:

1. Eintrag von Kohlendioxid (CO_2): CO_2 dringt in den Beton ein und diffundiert in den Kapillarporen durch den Beton. Die Länge eines Kohlendioxidmoleküls beträgt ca. 230 pm im Vergleich zu Kapillarporen mit einem Durchmesser von mehr als 10 nm.

2. Bildung von Kohlensäure (H_2CO_3): Das CO_2 löst sich im Porenwasser und reagiert in sehr geringen Mengen zu H_2CO_3. Die Kohlensäure dissoziiert teilweise zu Carbonat- und Wasserstoffionen.

$$CO_2 + H_2O \rightarrow H_2CO_3 \rightarrow 2H^+ + CO_3^{2-} \tag{2.15}$$

3. Carbonatisierungsreaktionen: Kohlensäure und deren dissoziierte Ionen reagieren mit Calciumhydroxid und seinen ebenfalls dissoziierten Bestandteilen.

$$Ca(OH)_2 + H_2CO_3 \rightarrow CaCO_3 + 2H_2O \tag{2.16}$$

$$Ca^{2+} + 2OH^- + 2H^+ + CO_3^{2-} \rightarrow CaCO_3 + 2H_2O \tag{2.17}$$

Das eindringende CO_2 reagiert ebenfalls mit den gelösten Stoffen KOH und $NaOH$. Diese werden ebenfalls carbonatisiert, reagieren aber sofort wieder mit gelöstem $Ca(OH)_2$ und liegen danach wieder als Hydroxide vor. Der dabei entstehende Mangel an Calciumhydroxid wird durch die Lösung von festem Portlandit ausgeglichen. Eine Carbonatisierung von KOH und $NaOH$ findet demnach erst statt, wenn der Calciumhydroxidmangel nicht mehr ausgeglichen werden kann.

Die Auswirkungen einer Carbonatisierung sind vielseitig. Calciumcarbonat hat ein größeres Volumen als Calciumhydroxid und trägt somit zu einer erhöhten Dichte des Gefüges bei. Je nach Art des Betons nimmt die Porosität zu (Zement auf Basis von Portlandit) oder ab

(Hochofenzement) und kann somit den Eintrag von Wasserdampf, Kohlendioxid und bauwerksschädlichen Stoffen behindern oder begünstigen [33]. Weiterhin kann es in Abhängigkeit des verwendeten Zements zu einer Verfestigung des Gefüges beitragen. Zudem wird durch die Carbonatisierung der Alkalihydroxide der pH-Wert drastisch abgesenkt. Dies ist unkritisch, solange die so genannte Carbonatisierungsfront den in Stahlbeton verbauten Bewehrungsstahl nicht erreicht.

Weiterhin werden Friedel'sche Salze[5] während der Carbonatisierung zersetzt [31]. Die darin gebundenen Chlorionen werden freigesetzt und können somit zu Korrosionsprozessen am Bewehrungsstahl beitragen.

2.5 Chlorideintrag in Stahlbetonbauwerke

2.5.1 Grundlagen

Chlorid, also die Anionen verschiedener chlorhaltiger Salze, kann auf verschiedene Weise zu einer Schädigung einer Betonstruktur führen. Schwerwiegende Folgen durch das Eindringen großer Mengen von Chlorid in Stahlbeton ist durch ein hohes Korrosionsrisiko des Bewehrungs- oder Spannstahls gegeben. Weiterhin kann das Gefüge des Betons in Folge von Frost-Tau-Angriffen geschädigt werden [5] und die Feuchtespeicherfunktion des Betons wird durch Salzbelastung beeinflusst [17].

Daher wurde 1963 der Einsatz von $CaCl_2$ als Erhärtungsbeschleuniger oder Frostschutzmittel, das bis zu diesem Zeitpunkt bis zu einer Menge von 2 Masseprozent ($M.-\%$) eingesetzt wurde, verboten. Zudem dürfen die Betonausgangsstoffe jeweils nur einen Höchstwert an Chlorid enthalten. Dazu gehören Zement (0,1 $M.-\%$), Zuschläge (0,1 $M.-\%$), Wasser (4500 mg/l) , Zusatzmittel (0,2 $M.-\%$) und Zusatzstoffe (0,1 $M.-\%$), wobei diese Grenzwerte für normalen Beton ohne Bewehrung anzuwenden sind. Die Grenzwerte sind in DIN-Verordnungen oder Richtlinien des deutschen Instituts für Bautechnik (DIBt) festgehalten und sind für Stahl- und Spannbeton entsprechend gleichwertig oder niedriger bemessen. Die Grenzwerte für den massebezogenen Anteil von Chlorid im Zement von Stahlbetonbauteilen reicht von 0,2 $M.-\%$ (USA) bis 0,4 $M.-\%$ (Deutschland, Norwegen, Großbritannien).

[5] Chemische Zusammensetzung $3\,CaO \cdot Al_2O_3 \cdot CaCl_2 \cdot 10\,H_2O$. Eine sehr stabile Phase, die durch eindringende, chlorhaltige Lösung gebildet wird.

2.5.1.1 Externe Chloridquellen

Eine Einhaltung dieser Grenzwerte macht eine chloridinduzierte Korrosion unmöglich, solange kein zusätzlicher Eintrag von Chlorid in dem Bauwerk stattfindet. Die häufigsten Ursachen hierfür sind:

- Planmäßige Einwirkung (beispielsweise von Meerwasser)
- Unplanmäßige Einwirkung (z.B. durch Nutzungsänderung)
- Tausalze
- Polyvinylchlorid (PVC)-Brände

Der Einfluss von Meerwasser auf den Chloridtransport innerhalb des Betons wird neben Ionenkonzentration durch die Art des Meerwasserkontakts mit dem Beton bestimmt. Verdunstung von Meerwasser, welchen durch kapillares Saugen durch das Porensystem des Betons transportiert wird, führt zu einer unmittelbaren Erhöhung des Chloridgehalts.

Auch die Nutzung von Tausalzen im Straßenverkehr führt zu einer Belastung mit Chlorid an straßennahen Betonteilen. Beispielsweise Autobahnbrücken werden in den Regionen der Abläufe und durch Spritzwassser mit gelöstem Kochsalz ($NaCl$) belastet. Außerdem werden auch andere Betonteile in unmittelbarer Umgebung einer Straße durch Spritzwasser und Sprühnebel belastet.

Weiterhin kann im Brandfall eine hohe Chloridbelastung entstehen, wenn feuerhemmende Kunststoffe wie Polyvinylchlorid bei 120 °C Salzsäure HCl freisetzen. Diese löst sich im Löschwasser und führt zu einem lösenden Angriff, womit ein Eindringen von Chlorionen in den Beton begünstigt wird.

2.5.1.2 Transport- und Bindungsvorgänge

Es gibt verschiedene Ansätze, die den Transport von schädlichen Salzen in Beton erklären. Hauptsächlich wurden Transportmodelle auf der Basis von Lösungs- und Dampfdiffusion sowie Konvektion erstellt [17,34,35]. Untersuchungen haben gezeigt, dass die maximale Eindringtiefe von schädlichen Salzen einem Grenzwert entgegenstrebt. Diese Tatsache spricht grundsätzlich gegen Diffusion als dominierenden Transportmechanismus. Daher wird die Konvektion als dominierende Größe im Chloridtransport angesehen [5]. Das gelöste Salz wird also mit eindringendem Wasser in das Gefüge eingebracht. Es bleibt jedoch zu beachten, dass ein Eindringen von Chlorsalz zur Bildung von Friedelschem Salz führen kann [36]. Dieser Vorgang bindet zunächst Teile des eindringenden Chlorids und kann durch Bildung von Calciumchlorid und Tricalciumaluminat zu einer Verringerung der Porosität des Betons und einer Blockade der Transportwege führen. Dies ist zwar positiv, kann aber auch zu Ausblühungen und durch die Entwicklung starker Zugkräfte sogar den Beton schädigen. Zunächst wird hierdurch jedoch nur der Diffusionskoeffizient für Chlorid herabgesetzt. Weiterhin kann ein Schutz des Bewehrungsstahls vor hohen Chloridkonzentrationen durch einige Maßnahmen im Rahmen des Bauvorgangs stark erhöht werden. Dies ist meist die Folge einer Verringerung von Kapillarporen [31]:

- Zusätze wie Hüttensand und Flugasche verringern den Diffusionskoeffizienten durch Bildung von CSH Phasen
- Ein niedriger w/z-Wert führt zu einem geringen Volumenanteil an Kapillarporen.
- Ein Saugvorgang während der Hydratation kann zu einem Chlorideintrag führen. Dies wird durch eine ausreichende Nachbehandlung verhindert.
- An Grenzgebieten zwischen Zementleim und Zuschlag existiert eine poröse Kontaktzone. Durch eine Verringerung des Durchmessers der Zuschläge ist eine Verringerung der Diffusion zu erwarten.
- Entstandene Risse führen zu einem erhöhten Stofftransport. Je tiefer und breiter der Riss ist, desto größer ist die Wahrscheinlichkeit, dass die Chloridfront den Bewehrungsstahl erreicht.
- Eine erhöhte Temperatur führt zu einem größeren Diffusionskoeffizienten.
- Eine fortschreitende Carbonatisierungsfront kann den Kapillarporenanteil je nach Betonart vergrößern oder verkleinern. Dies hat ebenfalls einen Einfluss auf den Diffusionskoeffizienten. Weiterhin werden in Fridel'schen Salzen gebundene Chloride freigesetzt und es kommt zu einer zusätzlichen Erhöhung des Gehalts an freiem Chlorid.

2.5.2 Auswirkungen hoher Chloridkonzentrationen

Eine nicht unmittelbar schädliche Auswirkung von einer hohen Salzbelastung des Betons ist die Veränderung der Feuchtespeicherfunktion in Abhängigkeit von der relativen Feuchte [17]. Da Korrosion durch hohe Feuchtigkeit begünstigt wird, ist also auch mit einem indirekten Schaden durch Salzbelastung zu rechnen, wenn die anderen Voraussetzungen für Korrosion erfüllt sind [37].

Abbildung 2.9 zeigt das Ergebnis einer Untersuchung von Elektroden mit ausgebildeter Passivierungsschicht in einer künstlichen Porenlösung [38]. Mehrere Proben wurden in einer Lösung mit demselben pH-Wert und unterschiedlichen Chloridkonzentrationen untersucht und das Überschreiten eines kritischen Gehalts an Chlorid führte in allen Proben zu Lochfraßkorrosion. Dieser Versuch zeigte nun, dass die Grenze für den geringsten korrosionsauslösenden Chloridgehalt mit sinkendem pH-Wert immer weiter abnimmt. Demnach wurde gezeigt, dass eine Beurteilung der Korrosionswahrscheinlichkeit durch Chlorideintrag nur unter Berücksichtigung der fortgeschrittenen Carbonatisierung möglich ist.

Eine einheitliche Definition des kritischen korrosionsauslösenden Chloridgehalts in Stahlbetonbauwerken wurde von W. Breit durch eigene Untersuchungen unter Berücksichtigungen der Ergebnisse anderer Arbeitsgruppen in einer Studie zusammengefasst [38]. Dazu wurde festgelegt, dass der kritische Chloridgehalt durch die beginnende Depassivierung des Bewehrungsstahls bestimmt wird, selbst wenn noch kein Schaden entstanden ist. Weiterhin wurde untersucht, welche Definition des Chloridgehalts als sinnvoll zu erachten ist. Hierbei kann man den Gesamtchloridgehalt und auch den Anteil des freien Chlorids betrachten, wobei in diesem der Anteil außer Acht gelassen wird, der chemisch oder sorptiv gebunden ist und sich somit nur schwer aus der Zementmatrix herauslösen lässt. Da die Bestimmung des Gesamtchloridgehalts, bezogen auf den Zementgehalt ($Cl^{-}_{krit,ges}$ in $M.-\%$), mittels Säureaufschluss ein einfaches und etabliertes Verfahren darstellt, wurde dieser als Bezugsgröße gewählt. Eine Betrachtung des Gehalts an freiem Chlorid oder dem Verhältnis zwischen Chloridkonzentration und pH-Wert wäre ebenfalls sinnvoll.

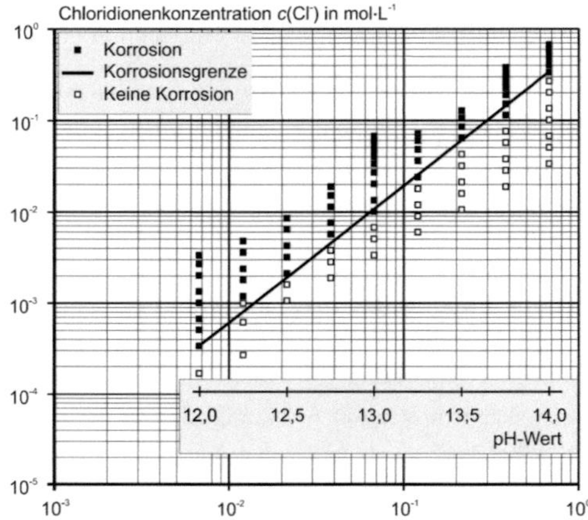

Abbildung 2.9: Die Korrosionswahrscheinlichkeit steigt sowohl bei zunehmender Chloridkonzentration, als auch bei bei sinkendem pH-Wert [38].

Untersuchungen unterschiedlicher Zementarten ergab geringe Unterschiede im kritischen Chloridgehalt, jedoch konnte keine Korrosion unterhalb von 0,25 $M. - \%$ festgestellt werden. Aufbauend auf den Ergebnissen dieser Versuche und dem Vergleich mit anderen Untersuchungen wurde eine Korrosionswahrscheinlichkeit, bezogen auf den Gehalt von freiem Chlorid in einem Betongefüge, ausgearbeitet. In Abbildung 2.10 wurden die Ergebnisse dieser Studie noch einmal zusammengefasst. Zuverlässige Daten konnten bis zu einem Gehalt von weniger als 0,3 $M. - \%$ verarbeitet werden. Sie zeigen einen linearen Anstieg der Korrosionswahrscheinlichkeit in einem Bereich von 0,3 bis ca. 0,8 $M. - \%$, wo das Risiko von 20% auf 100% ansteigt. Auf Grund dieses linearen Zusammenhangs wurde im Endergebnis ein Grenzwert des durch Säureaufschluss feststellbaren Chloridgehalts von 0,2 $M. - \%$ definiert.

Weiterhin kann salzbelasteter Beton durch Frost-Tau-Wechsel geschädigt werden. Auch ohne Salz in der Porenlösung kann es bei schwankenden Temperaturen zu einem Saugeffekt kommen, durch den der Beton mit jedem Wechsel immer mehr mit Wasser gesättigt wird. Der Gefrierpunkt des enthaltenen Wassers ist von vielen Variablen wie Porengröße, Druck und auch im Wasser gelöste Stoffe abhängig. Zusätzlich verringert sich das Porenvolumen durch das so genannte Gefrierschwinden bei niedrigen Temperaturen, bei dem das Gelwasser aus den Poren herausgedrückt wird. Gefrierendes Wasser an der Oberfläche führt durch die Volumenzunahme zu einem erhöhten Druck in tiefer liegenden Poren und es kann dadurch zu Abplatzungen im Oberflächenbereich kommen. Dieser Schaden kann zwar auch ohne die Einwirkung von Tausalzen entstehen, salzbelasteter Beton weißt jedoch einen höheren Anteil gesättigter Poren auf [5, 17, 31].

2.6 Konsequenzen für Bauwerkssensoren

2.6.1 Messung relativer Feuchte

Feuchtigkeit ist ein im hohen Maße wichtiger Parameter, um die Gefährdung eines Stahlbetonbauwerks beurteilen zu können. Mit ausreichend vorhandener Feuchtigkeit kommt es zu Korrosionsvorgängen in Folge von Carbonatisierung oder Chlorideinwirkung. Weitere schädliche Stoffe können in den Beton durch Konvektion transportiert werden und Frost-Tau-Wechsel gefährden das Betongefüge durch eine fortschreitende Sättigung des Porensystems durch hohe interne Drücke. Daher kann es von großem Nutzen sein, die Feuchte des Baustoffs zu kennen und unter Berücksichtigung anderer Parameter eine daraus entstehende Zustandsgefährdung zu prognostizieren. Da es sich bei Beton um einen heterogenen Baustoff handelt, ist eine generelle Beurteilung der Bauwerksfeuchte, die ausschließlich auf Erfahrungswerten

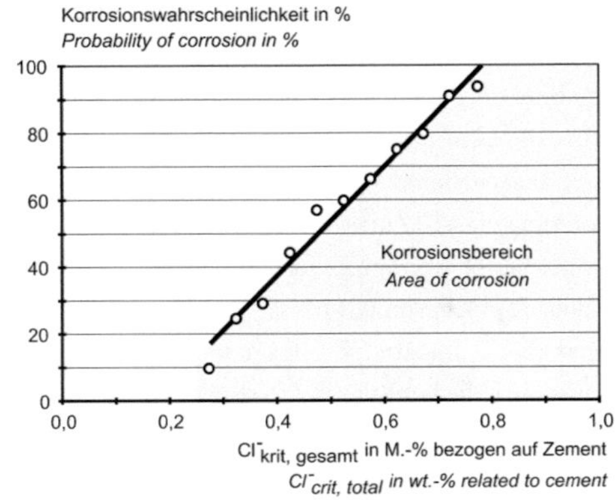

Abbildung 2.10: Korrosionswahrscheinlichkeit in Prozent (%), abhängig vom Chloridgehalt [38].

oder Messhistorie basiert, nicht immer möglich. Es gibt verschiedene Kriterien, die bei der Entwicklung eines Sensorsystems zur Feuchtedetektion zu beachten sind.

Eine regelmäßige Überwachung ausgewählter Punkte im Bauwerk ist notwendig, um den Bauwerkszustand und seine Gefährdung durch eindringende Feuchte einschätzen zu können. Diese Messung sollte zerstörungsfrei sein, da dies für eine Langzeitüberwachung unerlässlich ist. Vor allem in Wohnhäusern oder denkmalgeschützten Bauwerken sind keine invasiven Maßnahmen über längere Zeit mit regelmäßigen Messungen durchführbar. Eine tiefenaufgelöste Messung ist ebenfalls erstrebenswert. Durch Hydrophobierung, eindringendes Salz, Carbonatisierung und weitere Einflussgrößen wie die Porenstruktur, ist die Feuchte unter Umständen sehr inhomogen verteilt und eine Mittelwertbildung kann zu einem erheblich verfälschten Ergebnis in der Auswertung führen. Ist eine lückenlose Auflösung nicht möglich, sollte durch Identifikation der kritischen Punkte im Gebäude eine ortsbezogene Information zugänglich sein. Werden Sensoren dauerhaft in das Gebäude eingebracht, um den Feuchtegehalt *in situ* zu ermitteln, sollte ein Einfluss des Sensors auf die Transporteigenschaften des Betons minimiert werden.

Idealerweise sollte ein eingebauter Sensor Informationen über die Feuchteverteilung in seiner Umgebung bereitstellen. Handelt es sich um einen Punktsensor, also einen Sensor der lediglich eine Feuchteinformation liefert, muss sichergestellt sein, dass diese Information nicht durch ein lokales Extremum verfälscht wird, sondern möglichst ein integraler Messwert der näheren Umgebung aufgezeichnet wird. Befindet sich ein Sensor für relative Feuchte in einem

Raum innerhalb des Betons, kann es zu einer Durchfeuchtung kommen, wenn die Spaltbreite zwischen Sensor und Umgebung zu gering ist. Ist aber ein ausreichend großer Zwischenraum vorhanden (>0,1 mm), wird dieser Raum nur unter Extrembedingungen von Feuchtigkeit gesättigt werden. Es kann davon ausgegangen werden, dass die Sättigung des umgebenden Porenraums mit der relativen Luftfeuchte innerhalb des Sensorraums korreliert.

2.6.2 Messung des pH-Werts

Der pH-Wert stellt im Gegensatz zur Feuchtigkeit eine weniger dynamische Größe innerhalb der Betonstruktur dar. Wie zuvor dargestellt, wird die Carbonatisierungsfront für ein langsames Absinken des pH-Werts sorgen. Damit ist ein Bewehrungsstahl so lange vor Korrosion geschützt, wie der pH-Wert ausreichend groß ist und daher eine invasive Prüfung des Carbonatisierungsfortschritts vertretbar, wenn von einer geringen Anzahl notwendiger Messungen ausgegangen werden kann.

Eine regelmäßige Prüfung mit invasiven Methoden an verschiedenen Stellen des Gebäudes wäre mit hohem Aufwand verbunden, da die Prüfungen durch Probekörperentnahme und nachträglicher Instandsetzung sowohl Material als auch viel Zeit benötigen. Ein *in-situ*-Sensorsystem würde einen hohen Aufwand bei der Installation verursachen. Dies gilt für den nachträglichen Einbau, aber auch für einen Einbau während der Realisierung eines Bauvorhabens. Anschließend ist eine Messung jedoch automatisiert durchführbar und daher mit wenig Zeitaufwand verbunden. Damit wäre eine regelmäßige Prüfung des pH-Werts gewährleistet und ein Absinken könnte frühzeitig erkannt werden.

Kann es zu einer Salzbelastung kommen, liefert der genaue pH-Wert der Porenlösung ebenfalls zusätzliche Informationen über das Korrosionsrisiko. Hierfür wäre der geläufige Schnelltest mit Phenolphthalein nicht geeignet, da mit diesem lediglich eine binäre Information (carbonatisiert $\leftrightarrow$ nicht carbonatisiert) ermittelt wird und keine zuverlässigen Daten über den genauen pH-Wert gemessen werden können. Um den Aufwand für die Installation eines *in-situ*-pH-Wert-Sensors zu rechtfertigen, wäre es demnach wichtig, dass dieser nicht nur ein Alarmsystem für die fortschreitende Carbonatisierungsfront darstellt, sondern detaillierte Informationen zur Verfügung stellt.

2.6.3 Messung des Chloridgehalts

Der Chloridgehalt einer Betonstruktur lässt zuverlässige Aussagen über das Korrosionsrisiko der Stahlbewehrung zu. Doch selbst die Analyse einer entnommenen Betonprobe kann unter

Umständen zu falschen Rückschlüssen führen, da es zu stark ausgeprägten lokalen Maxima und Minima in der Verteilung kommen kann. Daher ist eine dauerhafte Überwachung nur schwer zu realisieren, wenn lediglich Punktsensoren zur Verfügung stehen. Nur ein volumenaufgelöstes Messverfahren würde die Informationen liefern, die eine flächendeckende Einschätzung der Korrosionswahrscheinlichkeit möglich machen würden. Eine Installation von *in-situ*-Punktsensoren kann daher nur eine Ergänzung zu herkömmlichen Methoden darstellen und gegebenenfalls nachträglich für besonders gefährdete Stellen im Betongefüge eingesetzt werden. Eine Abschätzung der Salzbelastung durch Experten und die Ergreifung der richtigen Maßnahmen bleibt jedoch unabdingbar.

3 Aktuelle Maßnahmen der Bauwerksüberwachung

Im folgenden Kapitel sollen einige Verfahren für die Bestimmung von Feuchtegehalt, pH-Wert und Chloridkonzentration vorgestellt werden. Diese Parameter sind als elementare Indikatoren für den Zustand von Stahlbeton anzusehen. Insbesondere wird hier der Schwerpunkt auf ein faseroptisches Messsystem gelegt, welches mit einem colorimetrischen Prinzip arbeitet und es durch den Einsatz von verschiedenen Sensormaterialien ermöglicht, diese Parameter *in situ* zu überwachen (siehe Kapitel 3.2). Diese faseroptischen Sensoren dienten als Grundlage für ein elektrooptisches Sensorsystem, welches mit den gleichen Sensormaterialien arbeitet und im Rahmen dieser Arbeit entwickelt wurde.

3.1 Messsysteme

3.1.1 Feuchte

Es gibt eine Vielzahl von Messverfahren zur Bestimmung der Feuchte eines Stoffs, wobei nur die wenigsten direkte Messverfahren sind, der Anteil des Wassers also direkt bestimmt wird. Eine sehr häufig verwendete Methode ist das so genannte Wäge-Verfahren. Hier wird eine Probe gewogen, anschließend getrocknet und ein zweites Mal gewogen. Durch den Unterschied im Gewicht der Probe kann auf den Anteil der Feuchtigkeit geschlossen werden, der vor dem Trocknen der Probe enthalten war. Hierbei kann es jedoch je nach Probe zu erheblichen Messfehlern kommen. Kristallwasser ist chemisch in die Hydratphasen eingebunden und ein Entfernen des Wassers durch hohe Temperaturen bewirkt eine Zerstörung dieser Hydratphasen. Zudem werden flüchtige Bestandteile in organischen Materialien durch das Erhitzen ausgetrieben oder es kann zu Einschlüssen kommen, die ein weiteres Austrocknen verhindern (z.B. in Gelporen). Somit muss der genaue Ablauf des Prüfverfahrens je nach Probe geplant werden und einige Proben sind grundsätzlich nicht für dieses Verfahren geeignet. Weitere direkte Verfahren sind das Destillationsverfahren, welches zumeist für Flüssigkeiten angewendet wird, sowie chemische Verfahren mittels Calziumcarbid oder Karl-Fischer-Lösung [39].

Weiterhin gibt es eine Vielzahl von indirekten Messmethoden. Hier wird ausgenutzt, dass sich eine bestimmte, messbare Eigenschaft eines Materials durch den Feuchtegehalt spezifisch verändert. Gelingt es einen direkten Zusammenhang zwischen dieser Eigenschaft und dem Feuchtegehalt herzustellen, Querempfindlichkeiten auszuschließen, sowie alle relevanten Randbedingungen festzulegen, kann eine Messung der Feuchtigkeit mit hoher Genauigkeit möglich sein. Zu diesen Verfahren zählen:

- Dielektrische Verfahren
- Kernphysikalische Methoden
- Thermische Verfahren
- Hygroskopische Gleichgewichtsverfahren
- Optische Verfahren
- ...

Diese Liste ließe sich beliebig weit ausweiten, da viele der genannten Verfahren eine ganze Gruppe von verschiedenen Methoden beinhalten. Weiterhin existieren noch diverse hygrometrische Verfahren zur Messung der Feuchte von Gasen. Im Folgenden soll eine Auswahl von Methoden zur Messung der Feuchte in Feststoffen vorgestellt werden. Diese Auswahl wurde nicht auf Grund ihrer etablierten Anwendung in der Bauwerksüberwachung getroffen, sondern soll vielmehr einen kurzen Einblick in aktuelle Arbeiten auf dem Gebiet der Forschung in der Feuchtemesstechnik darstellen und hierbei den Bezug zu einer möglichen Anwendung in Betonbauwerken aufzeigen.

3.1.1.1 Dielektrische Verfahren

Es wurde gezeigt, dass dielektrische Verfahren je nach genutzter Frequenz eine hohe Querempfindlichkeit zu Salzen aufweisen können [40]. Besonders bei niedrigen Frequenzen, wo Leitfähigkeitsmessungen und Impedanzspektroskopie durchgeführt werden, ergibt sich eine starke Abhängigkeit von den Ionen. Diese Tatsache macht ein Verfahren im Allgemeinen für einen Einsatz an realen Bauwerken unbrauchbar. Aktuelle Untersuchungen zeigen jedoch, dass ein spezielles Verfahren der Impedanzspektroskopie zusätzliche Informationen bereitstellt, die Aufschluss über den Anteil gelöster Salze in Baustoffen geben können. Die „spectral induced polarisation“ (SIP) wertet zusätzlich zu der Amplitude die Phasenlage der gemessenen Signale aus. Damit ist es grundsätzlich möglich, bekannte Baustoffe zerstörungsfrei auf Feuchtigkeit und Salzgehalt zu untersuchen [41].

In einem Frequenzbereich zwischen 2,2 und 2,7 GHz arbeitet ein resonanter Mikrowellensensor [42,43], wo dieser Einfluss sehr viel geringer ist, als bei niederfrequenten Messtechniken. Mit einem porösen Material als sensitivem Element füllen sich die enthaltenen Poren je nach umgebender Luftfeuchte mit Wasser und erzeugen auf diese Weise eine Rückwirkung auf die Resonanzfrequenz eines Filtersystems. In einem Frequenzgang kann die Wellenlänge der maximalen Dämpfung ermittelt werden, die direkt durch die Feuchtigkeit in sensitivem Material beeinflusst wird. Das System ist klein und besteht aus kostengünstigen Materialien. Es kann direkt in den Beton des Bauwerks eingebracht werden und ist somit grundsätzlich für eine Langzeit *in-situ*-Überwachung der Feuchtigkeit im Beton geeignet. Andere Systeme bieten die Möglichkeit tiefenaufgelöster Messungen am Baustoff ohne auf ein Sensormaterial angewiesen zu sein [44]. Dies bietet den großen Vorteil, mittels eines einzelnen Sensors sehr viel Informationen gewinnen zu können. Weiterhin ist es damit möglich, nicht nur ein Abbild der Umgebungsfeuchte zu messen, welches sich im Sensormaterial einstellt. Stattdessen wird der tatsächliche Feuchtegehalt des Baustoffs bestimmt. Dies setzt allerdings voraus, dass die Zusammensetzung des Baustoffs und dessen Porengrößenverteilung im relevanten Bereich genau bekannt ist, damit der Sensor entsprechend kalibriert werden kann. Auch dieses System kann direkt für den Einbau in ein Bauwerk nutzbar gemacht werden [45], ist durch seine bisherige Größe jedoch nur für einige Anwendungen denkbar.

Die Time-Domain-Reflectrometrie (TDR) ist eine etablierte Methode, die für die Brucherkennung in elektrischen und optischen Leitern eingesetzt wird. Sie kann in einem weiten Frequenzbereich eingesetzt werden und ermöglicht ebenfalls die Untersuchung des Feuchtegehalts der Umgebung durch Messung der dielektrischen Eigenschaften. TDR-Sonden werden vor allem als Einstechsonden für Schüttgüter eingesetzt [46]. Mit dieser recht aufwändigen Technologie kann eine zeitkontinuierliche Überwachung ermöglicht werden. Für eine praktische Anwendung zur Überwachung eines Gebäudes ist jedoch eine Anpassung an die Umgebungsbedingungen in Beton, eine erhöhte Wirtschaftlichkeit sowie Miniaturisierung notwendig [47–49].

Ein non-invasives Verfahren, welches mit Wellenlängen zwischen 1 und 2 GHz arbeitet, ist das Georadar oder auch Ground Penetrating Radar (GPR) [50, 51]. Für eine Messung wird der Sensor direkt auf den Baustoff aufgelegt und anhand der reflektierten Wellen Rückschluss auf die Feuchtigkeit gezogen. Dies setzt eine gute Kenntnis über den Zustand des Baustoffs voraus, da unterschiedliche Porenräume jeweils unterschiedliche Reflektionseigenschaften aufweisen. Auch die genaue Eindringtiefe und damit der Wirkungsbereich des Sensors hängt von den Stoffeigenschaften ab. Demnach müsste ein Sensor für jeden Stoff kalibriert werden, könnte jedoch anschließend dauerhaft auf dieser Probe aufgesetzt kontinuierliche Daten liefern, die jede Veränderung dokumentieren. Auch ein Einsatz als bildgebendes Verfahren ist denkbar, wodurch Veränderungen am Bewehrungsstahl detektiert werden könnten [52].

3.1.1.2 Optische Verfahren

Ein neuartiges Verfahren basiert auf den lichtleitenden Eigenschaften von Wasser [53]. Eine Probe des Baustoffs wird zwischen eine Lichtquelle und einen Detektor gebracht. Ein Großteil des Lichts wird durch den Baustoff absorbiert, ein geringer Teil dringt jedoch durch das Porensystem und wird detektiert. Die Transmissionseigenschaften des Porensystems werden messbar durch den Feuchtegehalt beeinflusst, wodurch eine Abhängigkeit der Lichtintensität vom Feuchtegehalt abgeleitet werden kann. Dieses Verfahren, welches zunächst an Gesteinsproben in einem Laboraufbau getestet wurde, wird derzeit angepasst, um es für eine *in-situ*-Überwachung nutzbar zu machen. Weiterhin verspricht dieses Verfahren eine geringe Abhängigkeit von der Temperatur und dem Salzgehalt. Entscheidende Faktoren bei der Kalibration sind hierbei wiederum die Porenverteilung und die Zuschläge.

Auch optische Verfahren bei Wellenlängen im infraroten Bereich werden für die Detektion von Feuchtigkeit eingesetzt [39]. Diese Verfahren basieren zumeist auf Informationen über Amplitude und Phase von reflektierter Strahlung mit einer Wellenlänge von bis zu 2,3 µm an einem Probekörper [54, 55]. Die geringe Eindringtiefe dieses Verfahrens erlaubt jedoch nur die Auswertung der Feuchtigkeit einer Grenzfläche zwischen Baustoff und Luft. Dies schränkt die Nutzbarkeit für eine kontinuierliche Überwachung im Bauwerk ein.

3.1.1.3 Alternative Verfahren

In der THz-Spektroskopie wird ausgenutzt, dass elektromagnetische Wellen mit Frequenzen im Bereich von 10^{12} Hz sehr stark von Wasser absorbiert werden. Mittels eines ultrakurzen Laserpulses mit einer Wellenlänge im nahen infraroten Bereich und mit einer Pulsbreite von weniger als 10^{-12} s wird eine Dipolantenne angeregt. Da die Frequenz der durch diesen Puls erzeugten elektromagnetischen Welle proportional zu dem Stromfluss in dieser Antenne ist, sind sehr hohe Frequenzen bis zu mehreren THz darin enthalten [56, 57]. Um eine Probe auf ihren Wassergehalt zu untersuchen, wird diese in den Strahlengang des THz-Spektroskops eingebracht. Die Dämpfung des Signals, sowie die Verzögerung, mit der das Signal detektiert wird, gibt Rückschlüsse auf die Absorption durch die Probe und deren Brechungsindex. Durch diese Kennwerte lässt sich schließlich bestimmen, wie groß der Wasseranteil in der Probe ist [58]. Bisher sind diese Untersuchungen nur im Labor möglich und der Aufbau des Messsystems sehr aufwändig und kostspielig. Daher steht mit diesem Verfahren zwar eine neuartige Methode zur Bestimmung von Feuchteanteilen zur Verfügung, ist aber für eine kontinuierliche Bauwerksüberwachung derzeit nicht geeignet.

Ähnliches gilt für das Impuls-Neutron-Neutron-Verfahren. In diesem Fall wird sich die starke Bremswirkung von Wasserstoffatomen auf Neutronen nutzbar gemacht. Die Diffusionslänge eines Neutrons beträgt in Wasser mit ca. 2,7 cm nur etwa ein Tausendstel der Diffusionslänge in Luft [59]. Weiterhin werden die Neutronen abgebremst, verlieren Energie und werden zu thermischen Neutronen. Da der Bremsvorgang in Wasser wesentlich schneller verläuft, kann die Verteilung der detektierten thermischen Neutronen auf der Zeitachse für eine Auswertung genutzt werden. Zwar bietet dieses Verfahren eine hohe Eindringtiefe, ist aber auf Grund der hohen Kosten für kontinuierliche Messungen bisher nicht geeignet.

3.1.2 Chlorid

Die Detektion von Chlorsalzen in Beton ist auf Grund der korrosiven Eigenschaften dieses Stoffs ein wichtiger Bestandteil bei der Analyse des Zustands von Stahlbetonbauwerken. Daher wäre eine kontinuierliche Überwachung im Bauwerk sehr wünschenswert, ein entsprechendes Sensorsystem ist jedoch nicht verfügbar. Zur Bestimmung des Chloridgehalts einer Betonprobe wird diese entweder in Laboren untersucht oder vor Ort entnommenes Bohrmehl mittels nass-chemischen Schnelltests colorimetrisch (halb-quantitativ) analysiert [60]. Diese Verfahren sind einerseits sehr genau, aber zeitaufwendig und andererseits schnell durchführbar, aber ungenau im Ergebnis.

Ein innovatives Verfahren nutzt die „Laser induced breakdown spectroscopy“ (LIBS), das es ermöglicht, eine elementare Analyse des Baustoffs durchzuführen. Hierbei werden wenige µg der Probe mit einem Laser verdampft und gleichzeitig ein Plasma erzeugt. Charakteristische Maxima im Spektrum des Plasmas erlauben einen Rückschluss auf die verschiedenen enthaltenen Elemente [61,62]. Dieses erprobte Laborverfahren ermöglicht, anders als nasschemische Verfahren, eine Auflösung von wenigen mm, womit ein Bohrkern sehr genau auf die Verteilung von schädlichen Salzen untersucht werden kann. Die Probe muss jedoch zunächst in ein Labor transportiert werden und auch eine zerstörungsfreie Messung an der Bauwerksoberfläche ist nicht möglich. Eine Miniaturisierung des Systems soll es jedoch transportfähig und damit für die Baustelle nutzbar machen [63].

In einem elektrochemischen Ansatz werden Elektroden in der Kombination $Ag/AgCl$ verwendet [64]. In dieser Methode wird Potential der Testelektroden gegenüber einer SCE (Standard Calomel Elektrode) gemessen und es zeigt sich eine logarithmische Abhängigkeit des Potentials von der Salzkonzentration. Weiterhin sind die Elektroden miniaturisierbar und können dauerhaft in den Beton eingebracht werden, wodurch eine kontinuierliche Messung möglich wird. Jedoch tritt ein gewisser Alterungseffekt auf, der zu einer relevanten Drift in den Messergebnissen führt [65].

3.1.3 pH-Wert

Der in Kapitel 3.1.2 genannte elektrochemische Sensor kann mit Elektroden aus den Materialien Ir und IrO_2 für die Messung des pH-Werts nutzbar gemacht werden [65]. Auch diese Sensoren zeigen zufriedenstellende Ergebnisse mit denselben Problemen in der Langzeitstabilität. Weiterhin gibt es verschiedene Ansätze, faseroptische Sensoren für die Messung des pH-Werts der Porenlösung einzusetzen. Hierbei kommen zumeist Farbstoffe zum Einsatz, welche über Spektrometer ausgewertet werden. Hierbei sind sowohl das evaneszente Feld einer Faser [66], als auch eine Reflektionsmessung denkbar [67]. Diese Methoden sind auf Grund der relativ geringen mechanischen Stabilität der verwendeten Glasfasern nicht unkritisch, da auf die Sensoren starke Kräfte wirken können.

3.2 Faseroptische Sensoren

Die an dieser Stelle vorgestellten Sensorsysteme werden ausführlich in den Promotionsschriften von Dr.-Ing. Stefan Wiese und Dr.-Ing Marc Blumentritt behandelt. Daher werden auf den folgenden Seiten nur jene Grundlagen vorgestellt, die weiterhin für das Verständnis von elektrooptischen Sensoren wichtig sind, die im Zuge dieser Arbeit untersucht wurden. Dazu gehören kurze Einblicke in die (Faser-) Optik und die verwendete Messtechnik. Weiterhin wird der Aufbau sowie die Funktionsweise der Sensoren dargestellt. In diesem Zuge wird zudem auf die verwendeten Sensorfarbstoffe eingegangen, da diese ebenfalls die Grundlage für die Verwendung der elektrooptischen Sensoren bilden. Neben den vorgestellten Ergebnissen aus den genannten Dissertationen werden weiterführende Untersuchungen gezeigt und schließlich Langzeitmessungen von pH- und Feuchtesensoren vorgestellt, die in einer Kirche in Kassel aufgezeichnet wurden.

3.2.1 Grundlagen der Faseroptik

3.2.1.1 Optik (Licht/Farbigkeit)

Das Wort Optik stammt aus dem Griechischen und ist von *optike*, der *„Lehre vom Sichtbaren"* abgeleitet. Es handelt sich also um den Teil des Spektrums elektromagnetischer Strahlung, die vom Menschen mit dem Auge wahrgenommen werden kann. Dies umfasst in etwa einen Wellenlängenbereich von 400 bis 750 nm und entspricht einer Frequenz von 752 bis 400,5 THz, entsprechend dem Zusammenhang der Vakuumlichtgeschwindigkeit c, der Frequenz f und der Wellenlänge λ [24]

$$f = \frac{c}{\lambda}. \tag{3.1}$$

Die Farbwahrnehmung wird im menschlichen Auge durch verschiedenartige Photorezeptoren generiert. Für das skotopische (Helligkeits-) Sehen sind ca. 120 Mio. so genannte Stäbchen verantwortlich, während die spektrale Auflösung (photopisches Sehen) durch drei Zäpfchenklassen gewährleistet wird, von denen je etwa 2 Mio. zur Verfügung stehen. Diese drei Sorten Zäpfchen haben das Maximum ihrer spektralen Empfindlichkeit bei 440, 535 und 567 nm. Diese Spitzenwellenlängen werden als blau, grün und rot wahrgenommen. Die relative Empfindlichkeit ist im roten Bereich am stärksten, wohingegen blaues Licht am schlechtesten wahrgenommen werden kann. Eine um zwei Größenordnungen höhere Empfindlichkeit als die Zäpfchen für das rote Spektrum haben die Stäbchen, weshalb der Mensch ab einer gewissen Dunkelheit nicht mehr in der Lage ist Farben zu differenzieren [68]. Die an das sichtbare Licht angrenzenden Gebiete sind das UV-Licht (unter 400 nm) und der Nah-Infrarot-Bereich (mehr als 750 nm).

Die Wahrnehmung verschiedener Farben basiert auf zwei Prinzipien. Trifft Licht mit zwei oder mehr verschiedenen Komponenten unterschiedlicher Wellenlängen auf eine Fläche im Auge, werden mehrere Zäpfchen angesprochen und es entsteht ein Farbeindruck, der zwischen den Komponenten liegt. Man spricht von additiver Farbmischung. Wird aus einem kontinuierlich hohen Spektrum (weißes Licht) eine Komponente entfernt, erscheint das Licht in der so genannten Komplementärfarbe. Es handelt sich hierbei um subtraktive Farbmischung.

Das letztere Prinzip ist für die Farbigkeit eines Objekts ausschlaggebend. Trifft weißes Licht auf eine Oberfläche erscheint das reflektierte Licht, und damit das Objekt, in einer bestimmten Farbe. Diese Farbe unterscheidet sich von weiß, wenn ein oder mehrere Wellenlängen des sichtbaren Spektrums herausgefiltert wurden. Dies kann geschehen, wenn Photonen auf eine Oberfläche treffen, dort durch Energieabgabe Elektronen anregen und somit absorbiert werden. Diese Anregung kann nur durch Anhebung von einem diskreten Energiezustand zu einem anderen diskreten Zustand erfolgen. Somit sind die absorbierten Energiemengen nicht beliebig, sondern von den besetzbaren Energiezuständen der Umgebung abhängig.

Es besteht ein Zusammenhang zwischen der Energie E eines Photons, dem Planck'schen Wirkungsquantum h und der Frequenz f einer elektromagnetischen Welle ($E = hf$). Daher resultiert die wahrgenommene Beschaffenheit und Farbigkeit eines Objekts aus seinen Absorptions-, Reflektions- und Transmissionseigenschaften, sowie den sensorischen Spezifikationen des Aufnehmers und der verwendeten Lichtquelle. Für eine Analyse des betrachteten Objekts ist es daher unerlässlich, sowohl die Eigenschaften der Signalquelle, des Signalwegs und des Sensors genau zu kennen.

3.2.1.2 Glasfasern

Glasfasern sind eine besondere Bauform der Lichtwellenleiter. Sie besitzen einen radialsymmetrischen Querschnitt mit einem Durchmesser von 10 bis 230 µm und können durch die Herstellung in Ziehtürmen nahezu beliebig lang sein. Spezielle Fasern aus Polymeren, sogenannte Polymeroptische Fasern (POF) können einen Durchmesser bis zu 1 mm aufweisen.

Die „Leitung“ von „Lichtwellen“ erfolgt im Inneren der Faser durch Totalreflexion. Um dies zu verstehen, muss bekannt sein, dass die Geschwindigkeit, mit der sich Licht ausbreitet, abhängig vom Medium ist. Das Verhältnis zwischen der Vakuumlichtgeschwindigkeit c_v und der Geschwindigkeit im Medium c_m wird als Brechzahl n bezeichnet:

$$n = \frac{c_v}{c_m}. \tag{3.2}$$

Damit ist n grundsätzlich größer als 1. Trifft ein Lichtstrahl auf eine Grenzfläche zwischen zwei Medien mit den Brechzahlen n_1 und n_2, wird ein Teil des Lichts an dieser Grenzfläche reflektiert und ein Teil in das angrenzende Medium hineingebrochen (siehe Abbildung 3.1). Der Winkel vom einfallenden Strahl zum Einfallslot (φ) entspricht dem Winkel des reflektierten Strahls. Der Zusammenhang zwischen φ und dem Winkel des gebrochenen Strahls ψ kann über das Snellius'sche Brechungsgesetz erklärt werden:

$$n_1 sin\varphi = n_2 sin\psi. \tag{3.3}$$

Demnach wird für den Fall $n_1 > n_2$ der Strahl vom Einfallslot weggebrochen und im umgekehrten Fall zum Lot hin. Man spricht bei dem Medium mit dem höheren Brechungsindex vom optisch dichteren Medium, während das andere als optisch dünneres Medium bezeichnet wird.

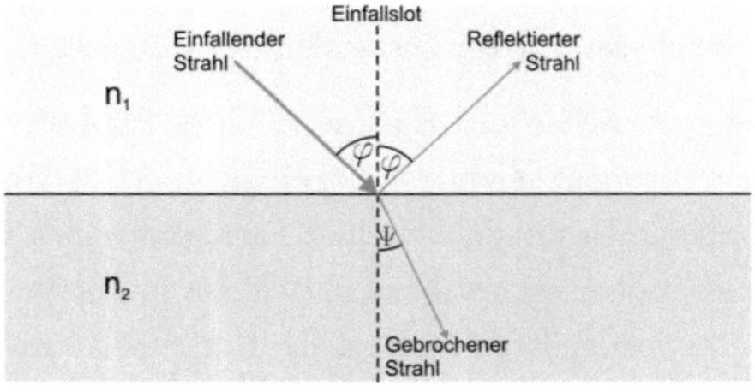

Abbildung 3.1: Das Brechungsgesetz nach Snellius.

Für Lichtwellenleiter, im Folgenden ausschließlich als Glasfasern bezeichnet, ist nun ein Sonderfall von besonderer Bedeutung. Wird der Brechungswinkel ψ durch besondere Kombination von Einfallswinkel und den Brechzahlen größer oder gleich 90°, tritt die sogenannte Totalreflexion auf. Diese Bedingung ist in einem System wie einer Glasfaser mit einem Kern mit Brechzahl n_1 und einem Mantel mit der Brechzahl n_2 immer erfüllt, wenn

$$\varphi \geq arcsin\left(\frac{n_2}{n_1}\right) \tag{3.4}$$

gilt. Damit wird das Licht, dass sich innerhalb des Kerns der Faser ausbreitet immer wieder reflektiert und auf diese Weise in der Faser geführt. Zusätzlich wird für Glasfasern hochreines Siliziumdioxid (SiO_2) verwendet, um die Dämpfung zu minimieren. Mit nur 0,16 dB/km haben moderne Glasfasern so geringe Verluste (abhängig von der Wellenlänge), dass eine Informationsübertragung über sehr weite Strecken möglich wird. Eine physikalische Begrenzung in der Transparenz von beliebigen Materialien liegt in der Rayleighstreuung. Dies ist ein Effekt, der die Streuung von elektromagnetischer Strahlung an Teilchen beschreibt, die deutlich kleiner als die Wellenlänge der Strahlung sind [69].

Damit sich das Licht überhaupt in eine Faser einkoppeln kann, um sich dort mit Totalreflexion auszubreiten, müssen bestimmte Kriterien erfüllt sein. Um diese in eine Größe zu fassen, wurde die numerische Apertur A_n eingeführt. Sie beschreibt den Winkel φ_{max}, unter dem ein Lichtstrahl in dem Medium mit der Brechzahl n_0 auf ein Faserende maximal auftreffen darf, damit dieser dort ausbreitungsfähig wird und ergibt sich aus

$$A_n = n_0 sin\varphi_{max} = \sqrt{n_1^2 - n_2^2}. \tag{3.5}$$

Eine große numerische Apertur bedeutet demnach eine gute Einkopplung in eine Faser. Polymeroptische Fasern erreichen ein deutlich höheres A_n als Glasfasern, besitzen jedoch eine deutlich höhere Dämpfung. Somit sollten sie nicht zur Langstreckenübertragung von Daten eingesetzt werden.

Die hier besprochene Glasfaser ist die einfachste von möglichen Varianten und wird als Faser mit Stufenindex bezeichnet. Sie zeichnet sich durch den diskreten Übergang der Brechzahlen n_1 und n_2 vom Mantel zum Kern aus. In diesem Fall breiten sich alle Lichtstrahlen aus, die die Bedingung der Totalreflexion erfüllen. Je nach Eintrittswinkel variiert jedoch die Ausbreitungsgeschwindigkeit entlang der Achse der Faser, da verschieden lange Wege zurückgelegt werden müssen. Das heißt Signale, die zur gleichen Zeit in eine Faser eingekoppelt werden, können zu unterschiedlichen Zeiten auskoppeln. Die gesendeten Informationen werden *unscharf,* man spricht von Dispersion.

Abbildung 3.2 zeigt die Eigenschaften und Auswirkungen einer Gradientenfaser. Der Brechungsindex ist nur im Mantel konstant. Im Kern hat er sein Maximum im Faserzentrum und fällt dann radial ab. Das hat zur Folge, dass sich Signale schneller ausbreiten, wenn sie in Regionen mit geringerem Brechungsindex gelangen, Dispersion durch den insgesamt längeren Weg aber verhindert wird. In diesem Kapitel wurde nur ein stark vereinfachtes Modell dargestellt, welches für genauere Betrachtungen in der Fachliteratur nachgelesen werden kann [69, 70].

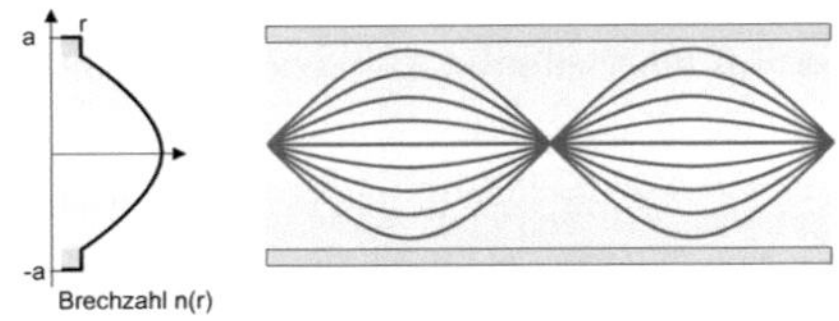

Abbildung 3.2: Brechzahl- und Signalverlauf in einer Gradientenindexfaser [70].

3.2.1.3 Messtechnik

Ein Detektor für ein colorimetrisches Messverfahren muss in der Lage sein weißes Licht in seine Komponenten zu zerlegen und ein Spektrum darzustellen. Hierfür bedient man sich häufig eines Prismas, was diese Aufgabe ebenfalls erfüllt. Die Brechzahl n, die zuvor eingeführt wurde, ist eine wellenlängenabhängige Größe (vgl. Abbildung 3.3, links). Trifft nun Licht mit Komponenten verschiedener Wellenlängen auf ein Prisma, ist der Winkel, mit dem es hineingebrochen wird, ebenfalls von der Wellenlänge abhängig. Durch die Form des Prismas wird eine Verstärkung der Wellenlängenseparation erreicht, da das Licht beim Austreten noch weiter aufgefächert wird (Abbildung 3.3, rechts).

In modernen Mikrospektrometern steht eine Zeile aus Detektoren zur Verfügung, um die optischen Signale getrennt voneinander in elektrische Signale umzuwandeln (oftmals CCDs

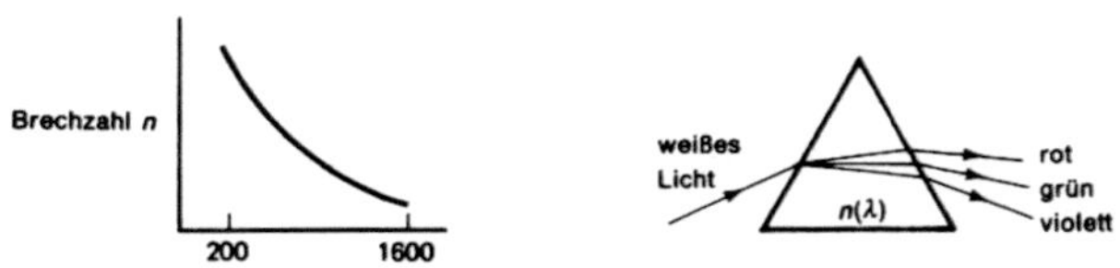

Abbildung 3.3: Wellenlängenabhängiger Brechungsindex (links) und die dadurch mögliche Aufspaltung mehrfarbigen Lichts durch ein Prisma (rechts) [71].

- Charge-Coupled-Devices). Somit kann diese Messtechnik von einem Rechner automatisiert gesteuert und ausgelesen werden. Das Auflösungsvermögen liegt theoretisch bei weniger als 1 nm und die Messdatenaufnahme zur Erstellung eines repräsentativen Spektrums kann durch Integration je nach Intensität der einfallenden Strahlung in wenigen Millisekunden oder auch einigen Sekunden erfolgen.

3.2.2 Aufbau und Funktion

Die Funktionsweise eines faseroptischen Messsystems wird in Abbildung 3.4 dargestellt. Eine Lichtquelle für weißes Licht wird an ein System aus faseroptischen Komponenten angeschlossen. Durch einen y-Koppler wird das Licht in einen Faserschalter geleitet, der auf einen beliebigen Sensor umschalten kann. Das Nutzsignal wird zurück in den Faserschalter geleitet und einem Spektrometer über den y-Koppler zugeführt. Ein PC steuert die Lichtquelle, den Faserschalter und das Spektrometer und verarbeitet die Daten. Weiterhin ist es denkbar, dass diese Messdaten an eine Überwachungszentrale übermittelt werden, die die Daten verwaltet und ihrerseits die Sensorknoten steuert.

Die meisten Komponenten dieses Systems liegen außerhalb des Betons und damit der Messstelle. Die Messdaten können mit geringem Informationsverlust durch ein Glasfaserkabel zu den Sensorknoten übermittelt werden. Die aktive Zone des Sensors befindet sich jedoch im Beton. Abbildung 3.5 zeigt den Aufbau eines solchen Sensors schematisch. Ein Substrat trägt eine Glasfaser, die dort mit einem Klebstoff in einer Nut fixiert wurde. Zuvor wurde das Ende der Glasfaser mit Methanol gereinigt und anschließend mit einer dünnen Silberschicht verspiegelt. Nachdem die Glasfaser durch den Klebstoff und das Substrat verkapselt wurde,

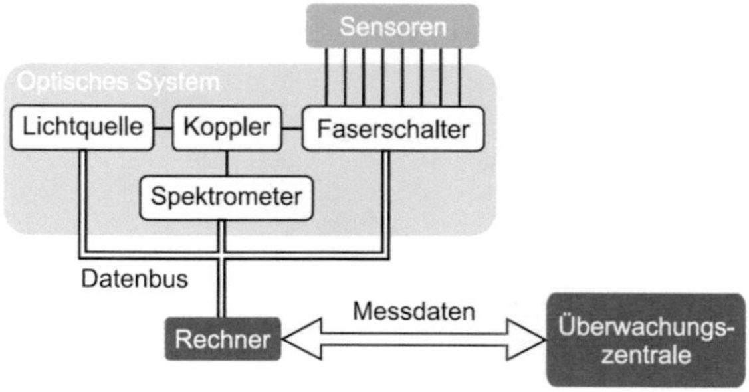

Abbildung 3.4: Faseroptisches Messsystem für Stahlbetonbauwerke [72].

ist es möglich, die aktive Zone des Sensor herzustellen. Hierfür wurde mit einer Wafer-Säge ein nur 50 µm breiter Schlitz quer zum Verlauf der Glasfaser eingefügt und somit die Faser zerteilt. Durch das Einfügen des Sensormaterials gelangt dieses nun in den Signalweg des Lichts. Das zunächst noch weiße Licht tritt in den Spalt ein, durchquert dort das Sensormaterial und wird zu einem Teil wieder in die Glasfaser eingekoppelt. Am Ende der Faser trifft es dort auf das verspiegelte Ende des Sensors und wird reflektiert. Nun wird es in dem Spalt ein weiteres Mal durch den Sensorfarbstoff gefiltert. Ein Spektrometer bildet schließlich die Differenz zwischen einer Referenz mit dem Spektrum der Weißlichtquelle und dem gefilterten Licht des Sensors. Durch die verspiegelte Endfläche können besonders kleine Sensoren gebaut werden und durch die doppelte Filterung ist es möglich die charakteristischen Absorptionsmerkmale des Farbstoffs effektiv zu detektieren.

Bei der Herstellung des Sensors muss mit größter Sorgfalt vorgegangen werden, da verschiedenste Einflussgrößen zu einer unzureichenden Funktion des Sensors führen können. Die Glasfaser ist empfindlich und die Positionen der Faserkanten an der aktiven Zone des Sensors dürfen sich nicht gegeneinander verschieben. Dadurch würde sonst eine große Menge des Nutzsignals nicht mehr zurück in die Faser eingekoppelt werden und damit für die Messung verloren gehen. Weiterhin ist eine möglichst glatte Schnittfläche wichtig und durch den Schneideprozess dürfen sich keine Fremdkörper zwischen die Faserenden legen, die den optischen Weg blockieren würden. Daher ist die Auswahl des Substratmaterials ein wichtiger Aspekt im Design des Sensors. Sensoren, die mit einem Substrat aus PEEK (Polyetheretherketon) hergestellt wurden, wiesen hervorragende Schnittkanten auf. Der Kunststoff wurde

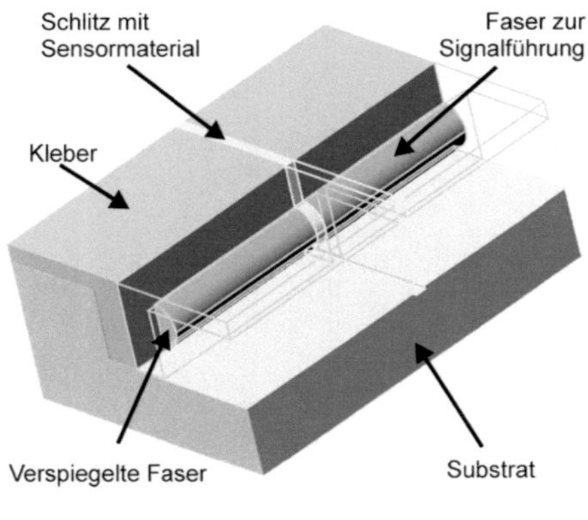

Abbildung 3.5: Der Teil des Sensors, der in das Bauwerk eingebracht wird, besteht aus einem Substrat, der verkapselten Glasfaser und dem Sensormaterial [72].

von der Säge mit einem glatten Schnitt durchtrennt und die Späne wurden dabei gut abtransportiert. Das zuvor genutzte Substratmaterial Polyoxymethylen (POM) besaß andere thermische Eigenschaften, wodurch die Reibungswärme während des Sägevorgangs zu Verschmierungen führten, die teilweise die Glasfaser verdeckten. Trotz der guten Eigenschaften von PEEK wurde schließlich ein anderes Material, das keramische Material Macor®, für die Herstellung der Sensoren gewählt.

Die Sensoren müssen neben der Stabilität in basischer Umgebung zudem eine hohe mechanische Belastung tragen können. Vor allem eine Biegung des Sensors kann zu einer Verfälschung des Sensorsignals führen [72]. Abbildung 3.6 zeigt die Schnittkante eines Sensors. Zwar konnten an der Oberfläche der Schnittkante einige Partikel der Keramik festgestellt werden, aber die Schnittkante der Glasfaser zeigt eine sehr geringe Rauheit und die mechanischen Eigenschaften erwiesen sich ebenfalls als geeignet.

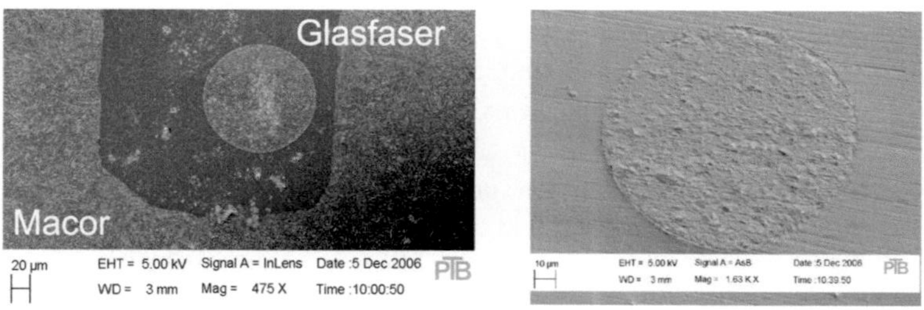

Abbildung 3.6: Rasterelektronenmikroskop (REM)-Aufnahmen der gesägten Schnittfläche von Macor-Substrat, Glasfaser und Klebstoff [72].

Abbildung 3.7 zeigt einen kompletten Sensor. Der Kabelmantel schützt die Glasfaser in der basischen Umgebung des Betons und ist am Ende mit einem SMA-Stecker konfektioniert. Der Mantel ist zudem teilweise mit auf das Substrat geklebt und garantiert, dass die freigelegte Faser komplett von Substrat und Klebstoff verkapselt ist. Weiterhin ist das Sensormaterial zu erkennen, dass in die aktive Zone eingebracht wurde.

3.2.3 Sensormaterialien

In dem zuvor vorgestellten Sensorprinzip können grundsätzlich alle Arten von Farbstoffen verwendet werden, die durch Schmelzverfahren oder Lösemittel für eine gewisse Zeit verflüssigt werden und somit in den Sensor verfüllt werden können. Wie in Kapitel 2.2 gezeigt, begünstigen einige Faktoren die Stahlkorrosion in besonderem Maße. Besonders sind

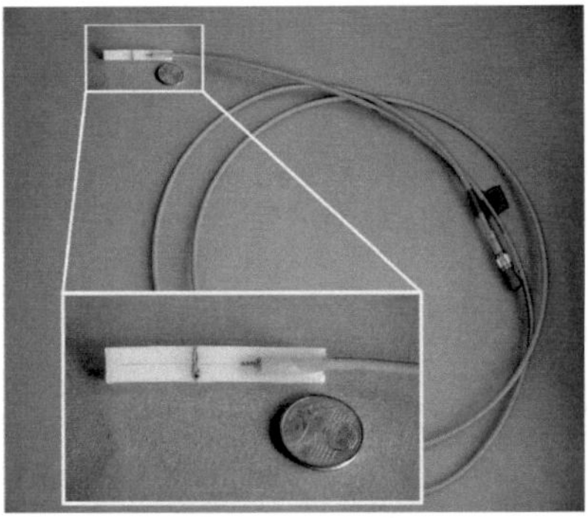

Abbildung 3.7: Foto eines faseroptischen Sensors mit verfüllter aktiver Zone [72].

hier Feuchtigkeit, der pH-Wert und die Konzentration von freiem Chlorid zu nennen, wobei Feuchtigkeit grundsätzlich ein wichtiger Faktor ist. Stahlkorrosion durch eine hohe Chloridkonzentration ist weiterhin wahrscheinlicher, je geringer der pH-Wert der Porenlösung im Beton ist. Daher wurden insbesondere die Sensormaterialien untersucht, die eine Überwachung dieser drei Faktoren ermöglichen.

3.2.3.1 Material zur Bestimmung der relativen Feuchte

Materialkomponenten und Sensorherstellung

Das Prinzip dieses Sensorfarbstoffs bedient sich dem Effekt der Solvatochromie, also der Abhängigkeit der Absorptionseigenschaften eines Farbstoffs von verschiedenen Lösemitteln. Bei dem hier verwendeten Reichardts Farbstoff (2,6-diphenyl-4-(2,4,6-triphenyl-1-pyridinio)-phenoxid) ist der Spezialfall des hypsochromen Effekts sehr ausgeprägt. Hierbei führt die Verwendung eines polaren Lösemittels zu einer Verschiebung der Absorption zu niedrigen Wellenlängen. Abbildung 3.8 (links) zeigt die Struktur, die im Grundzustand ein hohes Dipolmoment (μ=14,69 aufweist. Findet eine Anregung durch Photonen mit der Energie $E = h\nu$ statt, kommt es zu einer intramolekularen Verschiebung der Ladungsverteilung, wodurch das Dipolmoment abnimmt (μ=6). Die Ausrichtung der Energieniveaus von Grundzustand und angeregtem Zustand wird durch Solvatisierung der Lösemittelmoleküle beeinflusst [73]. Eine hohe Polarität führt zu einer Stabilisierung des Grundzustands, wodurch mehr Energie für eine Anregung benötigt wird. Daher findet eine Absorption von Licht mit geringerer Wellenlänge statt.

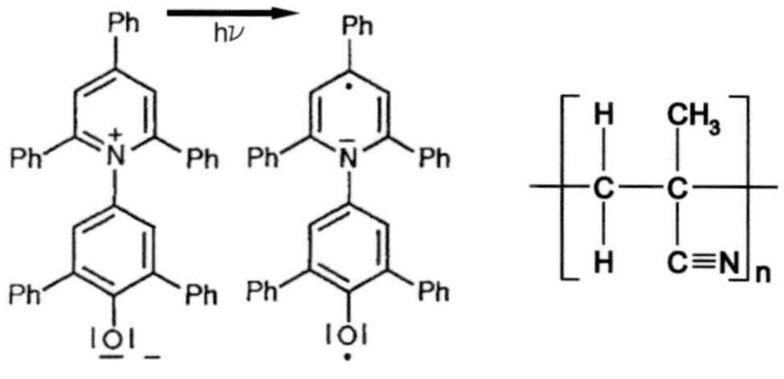

Abbildung 3.8: Zusammensetzung des Sensorfarbstoffs für relative Feuchte. Links: Reichardts Farbstoff im Grund- und im angeregten Zustand [73]. Rechts: Polymethacrylnitril (PMAN).

Reichardts Farbstoff weist im Vergleich zu anderen solvatochromen Farbstoffen eine sehr hohe maximale Farbverschiebung über fast das gesamte sichtbare Spektrum auf. In Diphenylether liegt das Absorptionsmaximum bei 810 nm, während eine Lösung in Wasser bei 453 nm maximal absorbiert. Dies entspricht einer hypsochromen Gesamtverschiebung von 375 nm.

Für die Verwendung des Farbstoffs in einem Sensorsystem mit dem Ziel der Langzeitüberwachung ist die hohe Löslichkeit des Farbstoffs von Nachteil. Daher wurde ein Polymer entwickelt, welches als Stabilisator für den Farbstoff dient (siehe Abbildung 3.8, rechts). Das verwendete Polymethacrylnitril (PMAN) wird mit dem Reichardts Farbstoff in einem guest-host System verwendet . Das bedeutet, dass die Ketten des Polymers der Immobilisierung des Farbstoffs dienen und so ein Auswaschen verhindern. Ein geeignetes Polymer muss hierbei die solvatochromen Eigenschaften des Farbstoffs im notwendigen Messbereich erhalten sowie die Langzeitstabilität des Gesamtsystems unter den gegebenen Umweltbedingungen garantieren. Eine Schädigung durch Temperatureinfluss oder Phasen mit ausgeprägter Trockenheit bzw. starker Durchfeuchtung muss ausgeschlossen werden. In Abbildung 3.9 sind zwei normierte Spektren dargestellt, die bei einer relativen Feuchte von 25% und 70% gemessen wurden. Die Absorptionsmaxima der beiden Messkurven sind etwa 27 nm voneinander entfernt.

Die Herstellung des Sensormaterials aus den Grundkomponenten Reichardts Farbstoff (RF) und PMAN erfolgt mit dem Lösemittel Acetonitril (ACN). Beide Stoffe liegen in fester, pulveriger Form vor und werden zunächst im Verhältnis 1:80 (PMAN:RF) gemischt. Unter Zugabe von ACN wird das Gemisch verrührt, bis eine viskose Flüssigkeit entsteht, die geeignet ist, um die aktive Zone des Sensors damit zu verfüllen. Hierbei ist es notwendig eine möglichst geringe Menge Lösemittel zu verwenden, da es durch Schwinden des Sensormaterials in der Trocknungsphase nach dem Verfüllen des Sensors zu einem Ausfall des Sensors kommen kann. Eine genaue Angabe eines Verhältnisses zwischen Sensormaterial und

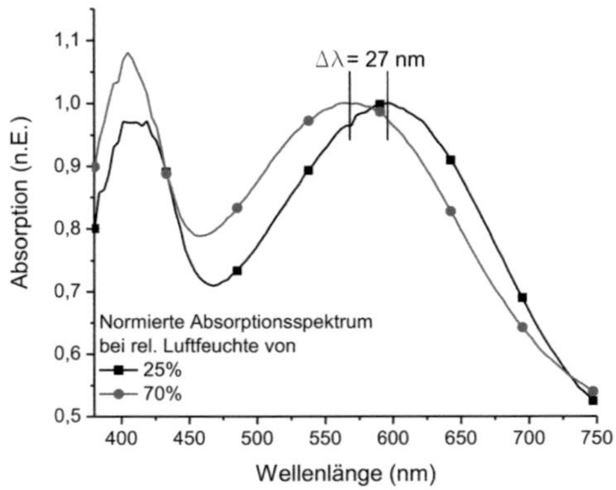

Abbildung 3.9: Beispiel für die Verschiebung des Absorptionsmaximums bei einer veränderten rel. Feuchte der Umgebung. Das Spektrum ist auf das Maximum im relevanten Wellenlängenbereich normiert.

Lösemittel ist jedoch nicht möglich, da die Beschaffenheit und Körnung des Polymers eine manuelle Dosierung erfordert, um alle Komponenten lösen zu können.

Mit einem Schmelzverfahren wäre es möglich das Schwinden zu minimieren und somit Ausfälle zu verhindern. Abbildung 3.10 zeigt das Ergebnis einer DSC (differential scanning calorimetry - Dynamische Differenzkalorimetrie). In diesem Verfahren werden eine Probe und eine Referenz gleichmäßig erhitzt. Das Differenzsignal vom Wärmefluss in beiden Proben lässt auf endo- oder exotherme Reaktionen innerhalb des Materials schließen. Der Sensorfarbstoff zeigt bei der ersten Messung bis 300 °C zwei charakteristische Maxima bei 109 °C und 261 °C, die im Wesentlichen mit bereits durchgeführten Messungen aus der Literatur übereinstimmen [74]. Der endotherme Vorgang mit einem Maximum bei 109 °C repräsentiert die Glasübergangstemperatur, bei der eine Erweichung des PMAN vorliegt. Das folgende leicht exotherme Maximum bei 261 °C wird mit der Bildung von zyklischen Strukturen zwischen den Molekülen begründet. Bei dieser Temperatur hatte sich das PMAN in Vorversuchen bereits braun verfärbt, was ebenfalls auf eine Zerstörung des Farbstoffs hinweist. Zwei nachfolgende, identische Versuche mit derselben Probe ergaben keine Maxima. Mit diesem Ergebnis wurde gezeigt, dass ein Schmelzen des Sensorfarbstoffs zum Verfüllen des Sensors nicht möglich ist.

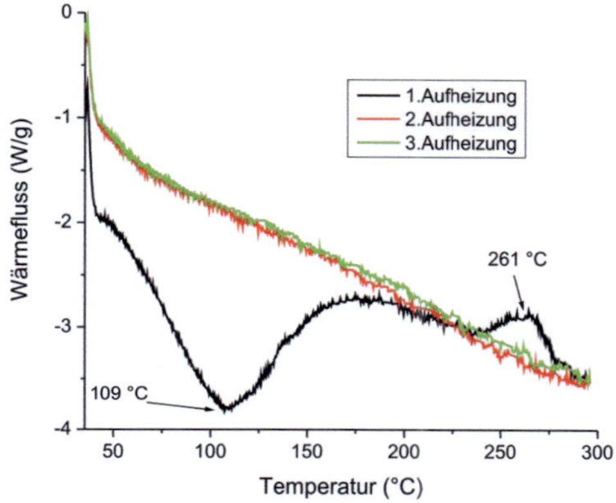

Abbildung 3.10: Untersuchung zur Schmelzfähigkeit von polymergebundenem Reichardts Farbstoff.

Temperaturabhängigkeit

Neben der Abhängigkeit von der relativen Feuchte ist ebenfalls mit einem Einfluss der Temperatur auf das Absorptionsspektrum zu rechnen. Abbildung 3.11 zeigt zwei Absorptionsspektren eines Sensors bei 10, 25 und 40 °C bei einer konstanten rel. Feuchte von 50%. Es ist zu sehen, dass eine Verringerung der Temperatur einen Einfluss auf die Absorption hat. Das gesamte Spektrum steigt leicht an und das Absorptionsmaximum verschiebt sich um einige nm nach unten.

In Abbildung 3.12 (links) ist der zeitliche Verlauf der Temperatur und der Verlauf des Absorptionsmaximums zu sehen. Für diesen Versuch wurde die Temperatur alle acht Stunden um 5 °C zwischen 10 °C und 40 °C variiert. Im Durchschnitt bewirkt eine Veränderung der Temperatur um 5 °C eine Verschiebung des Absorptionsmaximums um etwa 1,4 nm. Hierbei wird nur bei Temperaturen unter 25 °C nach acht Stunden ein konstanter Wert erreicht. Dies kann durch die Transportvorgänge im Sensormaterial erklärt werden, da sich nach einer Veränderung der Temperatur zunächst ein Gleichgewicht in Bezug auf die Temperatur und die Feuchteverteilung im Material einstellen muss. Weiterhin ist zu beobachten, dass das Sensormaterial nicht immer dasselbe Absorptionsverhalten bei derselben Temperatur aufweist. Daher kann an dieser Stelle keine direkte Beziehung zwischen Umgebungstemperatur und Absorptionsmaximum hergestellt werden. Aus den Messwerten in Abbildung 3.9 ergibt sich ein Richtwert für die Temperaturabhängigkeit von ca. -0,48 $\frac{\%\ \text{r.F.}}{\text{K}}$.

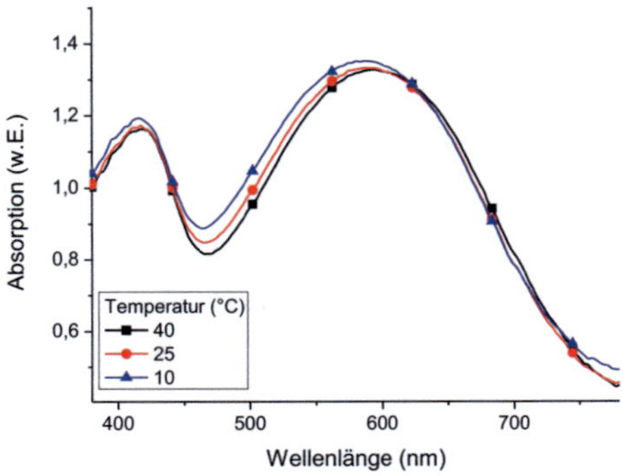

Abbildung 3.11: Absorptionsspektren des Sensorfarbstoffs bei verschiedenen Temperaturen.

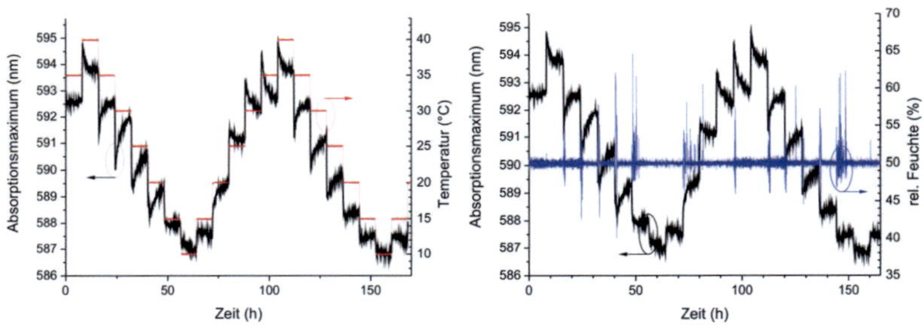

Abbildung 3.12: Abhängigkeit des Absorptionsmaximums bei variierender Temperatur. Zusätzlich sind die Messwerte der Temperatur (links) und der relativen Feuchte (rechts) im Klimaschrank zu sehen.

Abbildung 3.12 (rechts) zeigt den Verlauf der Auswertung zum Vergleich mit den Messwerten für die rel. Feuchte mit den Sensoren der Klimakammer. Insbesondere zu den Schaltzeitpunkten des Temperaturverlaufs sind Schwankungen von bis zu 15% rel. Feuchte zu sehen. Ein unmittelbarer Einfluss auf das Absorptionsmaximum ist jedoch nicht erkennbar.

Kalibration

Bereits von M. Blumentritt wurde eine mögliche Kalibrationsvorschrift diskutiert [72]. Mehrere Sensoren wurden hierfür unter gleichen Bedingungen gebaut und in Abhängigkeit von der rel. Feuchte bei einer Temperatur von 25 °C im Klimaschrank untersucht. Die resultierenden Abhängigkeiten von Absorptionsmaximum und rel. Feuchte stimmen gut überein (siehe Abbildung 3.13). Die Verläufe liegen parallel und zeigen nur geringe Abweichungen.

Die Daten für die Kalibrationsgeraden ergeben sich aus

$$y = mA_{max} + y_0$$

und sind in Tabelle 3.1 zusammengefasst. Hierbei steht A_{max} für das gemessene Absorptionsmaximum und es ergibt sich schließlich die relative Feuchte y.

Stabilitätsuntersuchungen

Die Langzeitstabilität von Sensoren ist ein wichtiger Faktor für *in-situ*-Messungen in Stahlbetonbauwerken. Eine lange Lebensdauer von mehr als 20 Jahren ist wünschenswert, da in Gebäuden mit fortgeschrittener Carbonatisierung eine erhöhte Korrosionsgefahr vorliegt. Doch während der Untersuchungen kam es häufig zu Ausfällen der Sensoren. Hierbei konnte weitestgehend der selbe Schädigungsverlauf festgestellt werden. Zunächst steigt die gesamte

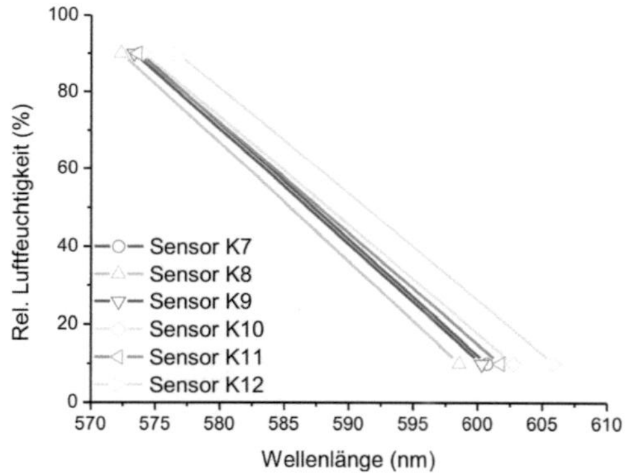

Abbildung 3.13: Sensoren für rel. Feuchte: Kalibrationskurven [72].

Tabelle 3.1: Kalibrationsdaten der Feuchtesensoren [72].

Sensor	K7	K8	K9	K10	K11	K12
$m \frac{\% \text{ rel F.}}{\text{nm}}$	-2,972	-3,051	-2,964	-2,783	-2,841	-2,734
y_0 % rel. F.	1795	1836	1789	1687	1720	1667

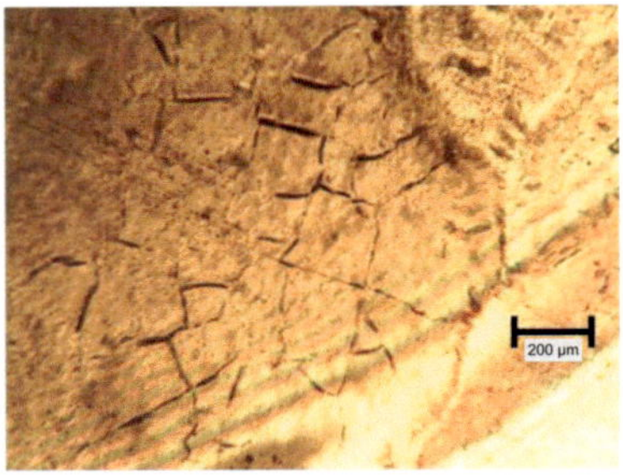

Abbildung 3.14: Mikroskopaufnahme einer Schicht des Sensormaterials für relative Feuchte. Das Material ist von Rissen durchzogen.

Absorption und zudem ist das Absorptionsmaximum immer weniger ausgeprägt, bis keine Wellenlänge für das Maximum mehr zu berechnen ist. Sowohl Stress durch intensives Austrocknen oder Befeuchten führte in einigen Fällen zu dieser Reaktion. Aber auch Sensoren, die lediglich an Raumluft gelagert wurden, zeigten dieses Verhalten.

Sowohl Veränderungen des Sensorsubstrats als auch des Sensorfarbstoffs, sowie fehlerhafte Ausrüstung können für Ausfälle dieser Art die Ursache sein. Dieses Phänomen wurde jedoch mit unterschiedlichen Messgeräten und Lichtquellen beobachtet, womit die letzte Möglichkeit auszuschließen ist. Das Sensorsubstrat ist mechanisch stabil und Biegeversuche ergaben bis zur Zerstörung des Sensors keinen Einfluss auf die Absorptionsspektren. Daher ist eine Veränderung der optischen Eigenschaften des Sensormaterials wahrscheinlich. Dies konnte weiterhin gezeigt werden, da es möglich war einen ausgefallenen Sensor durch eine neue Befüllung mit Sensormaterial wieder in Betrieb zu nehmen.

Abbildung 3.14 zeigt eine Folie aus Sensorfarbstoff auf einem Glassubstrat unter dem Mikroskop. Die zunächst glatte Schicht zeigt hier eine Rissstruktur, die sich durch Lagerung an Raumluft gebildet hat. Es ist anzunehmen, dass sich diese Risse auch innerhalb der aktiven Zone des Sensors bilden. Dies bewirkt eine erhöhte Streuung, was im Messsignal mit einer erhöhten Absorption im gesamten Spektrum zu sehen wäre. Weiterhin wird durch die sinkende Intensität der Einfluss des absorbierten Lichts im Spektrum geringer. Dieses Verhalten findet sich exakt in dem beschriebenen Fehlerbild wieder.

Um die Bedingungen der Rissbildung genauer zu untersuchen, wurden Folien aus Sensormaterial mit einem Spiral-Folienziehgerät hergestellt. Die resultierende Foliendicke hängt von der verwendeten Spirale, sowie von dem Anteil des Lösemittels ab. Mit einer Mischung von PMAN (durchschnittliche Kettenlänge von 10.000), dem Lösemittel ACN und einem geringen Anteil Reichardts Farbstoff wurden Schichten hergestellt, die bei einer Nenndicke von 40 µm und einem Verhältnis von 5 µl Lösemittel auf 1 mg Polymer eine durchschnittliche Dicke von 1,6 µm aufweisen.

Die Folien wurden, wie in Tabelle 3.2 dargestellt, nach verschiedenen Kriterien hergestellt und mit Wasser gestresst. Bei diesen Versuchen haben die Proben meistens sehr schnell Risse gebildet. Zwar zeigten Folien mit einem geringeren Anteil an Farbstoff und geringeren Schichtdicken eine Tendenz zu stabilerem Verhalten. Eine signifikante Verbesserung konnte jedoch nicht erreicht werden.

Zwei Proben, die etwa fünf Monate vor den anderen Proben hergestellt wurden, zeigten unter den gleichen Versuchbedingungen auch nach längerer Lagerung im Wasser keine Schädigung. Weiterhin wurden diese Proben jeweils direkt vor oder direkt nach der Verarbeitung auf etwa 70 °C erhitzt. Zunächst lag die Vermutung nahe, dass Reste vom Lösemittel erst bei längerer Lagerung aus dem Material verdampfen und dies gegebenenfalls durch die Erwärmung begünstigt wird. Etwa sechs Monate später wurden daher weitere Proben untersucht, die in der Zwischenzeit ebenfalls an Raumluft gelagert wurden. Diese zeigten jedoch ebenfalls nach kurzer Zeit Risse in der Folienstruktur. Eine weitere Untersuchung der Proben, die unter gleichen Bedingungen gelagert wurden (siehe 071112 und 071204 aus Tabelle 3.2), hat eine unveränderte Stabilität auch bei Lagerung in Wasser ergeben. Damit ist anzunehmen, dass sich eine Erwärmung des Sensormaterials positiv auf die Stabilität auswirkt.

3.2.3.2 Material zur Bestimmung des pH-Werts

Die Herstellung der pH-Sensoren erfolgte analog zu den Feuchte-Sensoren. Das Sensormaterial (siehe Abbildung 3.15, links) wurde mit dem Lösemittel *N,N*-Dimethylformamid (DMF) versetzt und bei ca. 50 °Cerhitzt, bis die gewünschte Viskosität erreicht wurde. Nun konnte die aktive Zone des Sensors mit dem Material verfüllt werden.

Wie in [72] ausführlich beschrieben, wird die Auswertung des pH-Wert-Sensors anhand der spezifischen Absorptionseigenschaften der Farbstoffmoleküle vorgenommen, welche abhängig vom pH-Wert in protonierter oder deprotonierter Form vorliegen. Abbildung 3.15 (rechts) zeigt den Sensorfarbstoff in zwei Stadien. Bei einem verhältnismäßig geringen pH-Wert liegt das Absorptionsmaximum bei ca. 450 nm. Steigt der pH-Wert an, steigt auch die Absorption bei 500 nm an und schließlich dominiert die Absorption in diesem Punkt. In einem sensitiven Bereich zwischen ca. pH 11 und 12,2 kann durch das Verhältnis der Absorption bei 450 nm und 500 nm meine Aussage über den vorliegenden pH-Wert gemacht werden. Die Auswertung erfolgt über eine Approximation von zwei Gaußkurven, wobei jede Kurve den Anteil des jeweiligen Moleküls repräsentiert. Daher wurden die Kurvenparameter λ_1, λ_2 (Wellenlänge

Tabelle 3.2: Unterschiedlich hergestellte Folien aus PMAN, Lösemittel (LM), Reichardts Farbstoff (RF) und die Reaktion der Probe auf feuchtigkeitsinduzierten Stress.

Lfd. Nummer	Zusammensetzung			Resultat
	LM/PMAN	PMAN/RF	Foliendicke	
1	5	19,2	40	Leichte Rissbildung
2	5	27	40	Schnelle Rissbildung und Zerstörung
3	5	35,5	40	Stabilitätszunahme gegenüber 080401_II
4	3,33	44,5	40/80/120	Alle Schichten sehr instabil in Wasser. Je dicker die Folie, desto schneller kam es zu Auflösungserscheinungen.
5	5	72	40	Folien lösen sich vom Substrat, keine Zerstörung
6	3,33	71,9	40	Folien lösen sich langsamer als 080411_I
7	3,33	44,2	40	Schnelle Rissbildung
8	6,6	71	40	Lösemittel Aceton; Folien stabil; Nach dem Trocknen treten Trübungen auf
9	5	80	nicht bekannt	Folie auch über Stunden im Wasser stabil. Keine Risse, keine Ablösung. Lösung für die Folie wurde auf der Heizplatte ausgetrocknet, um ein günstigeres Verhältnis zwischen Lösemittel und Material herzustellen.
10	5	keine Angabe	150	Folien wurden bei 70 $°C$ im Ofen getrocknet. Ablösungen vom Substrat nach einigen Tagen im Wasser. Folien sind jedoch stabil.

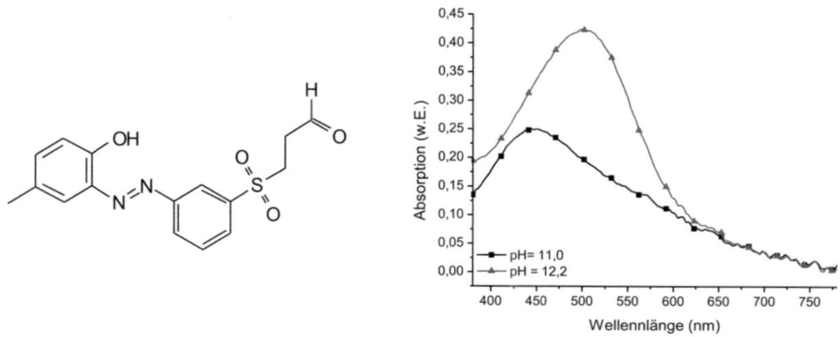

Abbildung 3.15: Sensorfarbstoff zur pH-Messung. Links: Funktionalisierter Azo-Farbstoff auf Cresolbasis. Rechts: Absorptionsspektren des Sensormaterials in einer Umgebung mit hohem oder niedrigem pH-Wert.

des Maximums der Verteilungskurven) und λ_{HWB1},λ_{HWB2} (Halbwertsbreiten) festgelegt. Mit den Kurvenmaxima A_2, A_1 ergibt sich der genäherte Kurvenverlauf [1].

$$a(\lambda) = A_1\, exp\left(-\left(\frac{\lambda-\lambda_1}{\lambda_{HWB1}}\right)^2\right) + A_2\, exp\left(-\left(\frac{\lambda-\lambda_2}{\lambda_{HWB2}}\right)^2\right) + C \qquad (3.6)$$

Die Konstante C beschreibt eine Konstante, welche systematische Messfehler durch Sensoren mit unterschiedlichen optischen Eigenschaften ausgleicht. Dadurch wird eine Unabhängigkeit von der absoluten Absorption erreicht. Eine Bestimmung des Verhältnisses A_1/A_2 dient somit der Bestimmung des pH-Werts.

Um von den gemessenen Werten zuverlässig auf den pH-Wert schließen zu können, muss jeder Sensor kalibriert werden. Abbildung 3.16 (links) zeigt den Verlauf des Farbverhältnisses von fünf Sensoren über einen Wertebereich von 10,4 bis 12,25.

Eine Linearisierung nach dem Boltzmann-Modell durch die Anpassung einiger Materialkennwerte (C_1, C_2, ΔpH und pK) erlaubt schließlich den Rückschluss auf den pH-Wert.

$$\frac{A_2}{A_1} = \frac{C_1 - C_2}{1 + exp\left(\frac{pH-pK}{\Delta pH}\right)} + C_2 \qquad (3.7)$$

Tabelle 3.3 zeigt die errechneten Kalibrationsdaten der verschiedenen Sensoren, die aus dem Amplitudenverhältnis in Abhängigkeit zum pH-Wert ermittelt werden konnten. In dem da-

[1](Für eine ausführliche Beschreibung dieser Methode zur Auswertung des pH-Sensor-Materials siehe [72])

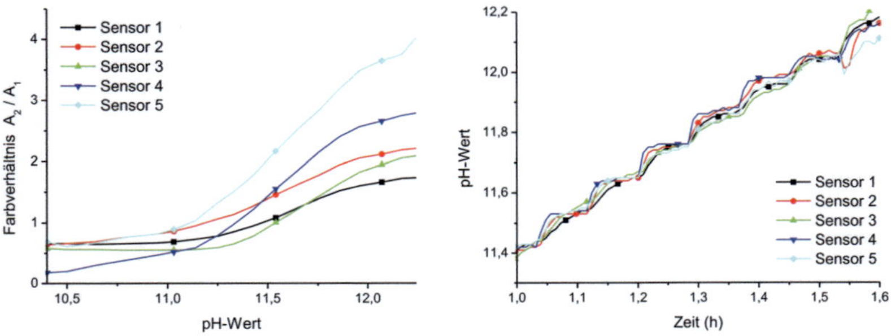

Abbildung 3.16: pH-Sensor: Kalibrationskurven. Links: Absorptionsverhältnisse verschiedener Sensoren in Abhängigkeit vom pH-Wert. Rechts: Anwendung der gewonnenen Kalibrationsdaten auf eine Messreihe mit wachsendem pH-Wert [72].

Tabelle 3.3: Kalibrationsdaten der pH-Wert Sensoren.

Sensor	1	2	3	4	5
C_1	0,65	0,64	0,54	0,22	0,60
C_2	1,77	2,53	2,13	2,92	4,21
pK	11,63	11,56	11,71	11,55	11,62
ΔpH	0,19	0,27	0,17	0,23	0,26

zugehörigen Versuch wurden die Sensoren in verschiedene Lösungen mit jeweils höheren pH-Werten getaucht und der Verlauf aufgezeichnet. In Abbildung 3.16 (rechts) sind die Ergebnisse dieses Versuchs über die Zeit dargestellt, wobei dort die berechneten Kalibrationsdaten miteinbezogen wurden. So konnte in einem großen Teil des Umschlagbereichs des Farbstoffs eine Linearisierung erreicht werden, wodurch der pH-Wert mit ausreichender Genauigkeit bestimmt werden kann.

3.2.3.3 Material zur Bestimmung der Chloridkonzentration

Farbstoff und Funktionsweise

Wie bereits 1936 durch E. Jelly beschrieben, können sich Farbstoffmoleküle in Lösung aneinanderlagern und auf diese Weise Ketten (sog. J-Aggregate) bilden, wodurch sich das Absorptionsverhalten und damit die Farbe der Lösung ändert [75]. Diese Aggregate und die damit verbundene Farbveränderung zeigen in der spektralen Darstellung ein besonderes

Absorptionsmaximum, das als J-Band bezeichnet wird. Es ist bekannt, dass die Neigung verschiedener Cyanin-Farbstoffe zur Bildung von J-Aggregaten von der Konzentration eines Salzes in einer wässrigen Lösung abhängen kann (siehe z.B. [76]). Bereits in Vorversuchen wurde gezeigt, dass es mit einem entsprechenden Farbstoff (siehe Abbildung 3.17) möglich ist, unterschiedliche Chloridkonzentrationen in einer Lösung zu bestimmen.

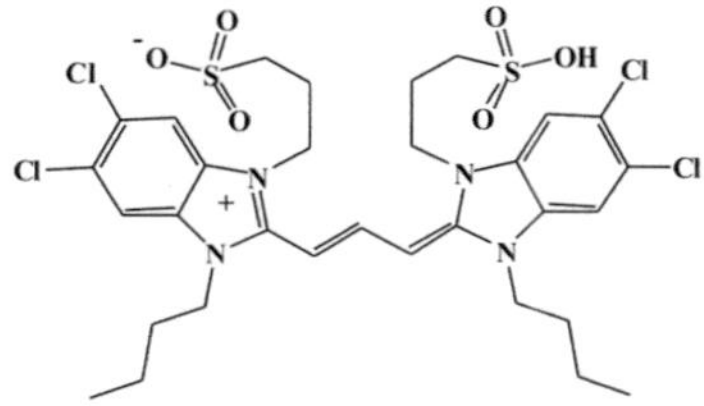

Abbildung 3.17: Farbstoff zur Chlorid-Detektion.

Voruntersuchungen

Die Abbildung 3.18 (links) zeigt die Abhängigkeit der Aggregation der Farbstoffmoleküle vom umgebenden pH-Wert. Für den Versuch wurde eine gesättigte Kochsalzlösung hergestellt (6,14 mol/l bei 25 °C), der Überstand abgenommen und noch einmal filtriert, um Salzkristalle zu entfernen. Anschließend wurde eine Testlösung aus destilliertem Wasser, Natriumhydroxid und Kochsalzlösung hergestellt. Durch Variation der Anteile von Wasser und Kochsalzlösung wurde die Konzentration an Chloridionen bei konstantem pH-Wert eingestellt. Im letzten Schritt wurde der in NMP (*N*-Methyl-2-pyrrolidon) gelöste Farbstoff hinzugegeben und anschließend eine Messung im Spektrometer durchgeführt. Die durch Aggregation der Farbstoffmoleküle entstehende Absorptionsbande mit einem Maximum bei 560 nm bildet sich durch die Zugabe von $NaCl$ in die Testlösung. Um den Einfluss des pH-Werts auf die Sensitivität zu untersuchen, wurden Lösungen mit unterschiedlichen pH-Werten und einer konstanten $NaCl$-Konzentration von 0,3 mol/l hergestellt, was einer Chlorid-Konzentration von 10,64 mg/ml entspricht. Es ergab sich eine deutlich stärkere Aggregation bei einem hohen pH-Wert von 12 gegenüber 7, wo nahezu keine sichtbare Ausbildung einer zusätzlichen Absorptionsbande zu beobachten war. Eine weitere Erhöhung des pH-Werts steigerte auch die Ausprägung der Aggregation, führte aber neben einem größeren Maximum zu einer Verbreiterung des Spektrums. Zudem konnte bei einem pH-Wert von 12,6 eine Verringerung der Sensitivität beobachtet werden, da die Absorptionsbande stark verbreitert ist und im Vergleich zu den vorhergehenden Messungen weniger stark absorbiert wird.

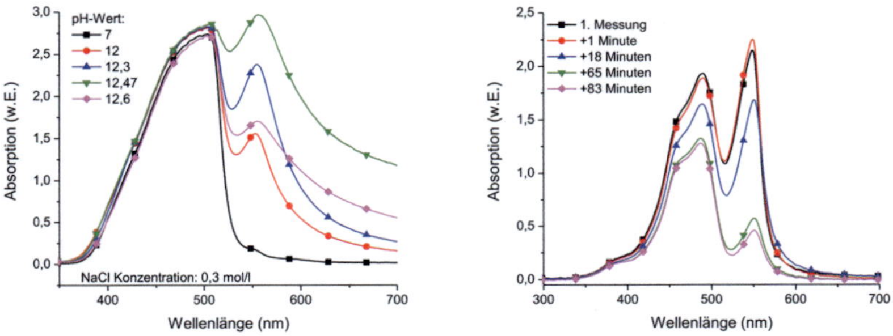

Abbildung 3.18: Voruntersuchungen für die Chloridempfindlichkeit des Sensorfarbstoffs. Links: Die Sensitivität für Chlorid hängt vom pH-Wert der Testlösung ab. Rechts: Sichtbare Entfärbung über die Zeit durch einen hohen pH-Wert (12,4).

Weiterhin wurde die Stabilität des Farbstoffs in einer basischen Umgebung untersucht. Abbildung 3.18 (rechts) zeigt den Verlauf der Absorption einer Testlösung mit pH 12,4 (Lösemittel: Isopropanol). 18 Minuten nach der ersten Messung konnte eine Abnahme der Absorption über das gesamte Spektrum festgestellt werden. Der etwas schnellere Abfall der Absorption bei 550 nm lässt auf einen Zerfall der J-Aggregate schließen.

Für eine Bestimmung der Nachweisgrenze in einer Testlösung mit dem pH-Wert 12,4 wurden verschiedene Ansätze mit Konzentrationen von 1,4 bis 11,2 mg/ml Chlorid vorbereitet (siehe Abbildung 3.19) Während bei der geringsten Konzentration noch keine Veränderung des Spektrums festgestellt werden kann, ist schon bei 4,36 mg/ml eine deutliche Anhebung der Absorption im oberen Spektralbereich des sichtbaren Lichts zu erkennen. Diese setzt sich bei einer weiteren Erhöhung der Chloridkonzentration fort. Bei mehr als 8 mg/ml ist die Ausprägung durch J-Aggregation jedoch sehr deutlich.

Zusammenfassung und Ausblick Die vorangegangenen Untersuchungen zeigen, dass die Bestimmung des Chloridgehalts mit dem vorgestellten Farbstoff möglich ist. Ein hoher pH-Wert führt zu einer Zerstörung des Farbstoffs, was den Einsatz in einem *in-situ*-Messsystem unmöglich macht. Daher kann der Farbstoff ausschließlich für die Bestimmung des Chloridgehalts in einem Schnelltest genutzt werden. Zusätzlich begünstigt ein hoher pH-Wert jedoch auch die Bildung von J-Aggregaten, was zu einer erhöhten Sensibilität gegenüber Chlorionen führt.

Für eine Beurteilung der Sensitivität des Farbstoffs ist der zulässige Grenzwert für die Chloridkonzentration in Beton von Bedeutung. Wie in Kapitel 2.5 beschrieben, ist bis zu einem

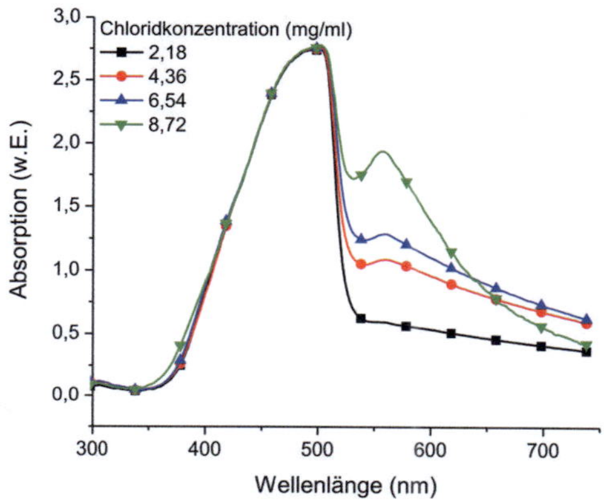

Abbildung 3.19: Spektren von Testlösungen aus destilliertem Wasser und gesättigter Kochsalzlösung in verschiedenen Verhältnissen. Unter Zugabe des Sensorfarbstoffs konnte eine Veränderung der Absorptionseigenschaften in Abhängigkeit der Chlorid-Konzentration festgestellt werden.

Anteil von $0{,}2\,M. - \%$ nicht mit Korrosion zu rechnen. Dies entspricht 2 mg Chlorid pro Gramm Bohrmehl. Die hier gezeigte Empfindlichkeit von ca. 4 mg/ml ergibt somit, dass die Detektion dieses Grenzwerts bei einem effizienten Aufschluss des Chlorids aus dem Bohrmehl mit diesem Farbstoff grundsätzlich möglich ist.

3.3 Bauwerksüberwachung im Denkmalschutz

3.3.1 Motivation

Die Aufgabe des Denkmalschutzes ist es, Kultur- und Naturdenkmale unverfälscht zu erhalten und vor Beschädigungen oder Zerstörung zu bewahren. Im Fall vieler Bauten des 20. Jahrhunderts sieht sich die Denkmalpflege, das exekutive Organ des Denkmalschutzes, jedoch mit besonderen Problemen konfrontiert. Die Architektur der Moderne hatte das erklärte Ziel nicht für die Ewigkeit, sondern für eine Generation zu bauen. Es wurde angestrebt, sich immer wieder neu erfinden zu müssen und die Altlasten von verbrauchten Ideen hinter sich zu lassen [77]. Eine dauerhafte Konstruktion war demzufolge nicht das Ziel dieser Zeit. Diese Denkweise führt zwangsläufig zu Problemen, da heute ein Bauwerk konserviert werden soll, das nie für lange Standzeiten konzipiert wurde.

Weiterhin wurde viel mit neuartigen Baustoffen experimentiert, welche heute nicht mehr verfügbar sind oder sich als ungeeignet erwiesen. In dieser Hinsicht müssen Alternativen gefunden werden, um den Erhalt von Aussehen und Struktur zu sichern. Doch nicht nur ästhetische Aspekte sind zu beachten. Insbesondere bei Gebäuden, beispielsweise Industriedenkmälern, ist ein Erhalt der Funktionalität von äußerster Wichtigkeit. Eine Einschränkung in der Funktion würde eine Pflege und die politische Vertretbarkeit des besonderen Schutzes für ein Gebäude erschweren.

In den Jahren 1955 bis 1975 wurde Beton verstärkt als Grundwerkstoff eingesetzt. Insbesondere Kirchen wurden aus diesem vermeintlich langlebigen Baustoff gebaut. Mit den Kenntnissen der heutigen Zeit eine schwerwiegende Entscheidung, welche die Denkmalpflege vor besondere Probleme stellt. Es müssen sowohl Methoden der Restaurierung, als auch der Prävention erarbeitet werden, welche die Bausubstanz schonen, Eingriffe in die Struktur vermeiden und das Erscheinungsbild nicht beeinträchtigen. Der Einsatz von Sensoren an speziell ausgewählten Positionen des Bauwerks kann bei der Erarbeitung solcher Methoden hilfreich sein.

3.3.2 Faseroptische Sensoren in der Fatimakirche (Kassel)

Unter der Leitung des Instituts für Steinkonservierung e.V. Mainz wurde an der Kirche *Maria, Königin des Friedens, Fatima* (Fatimakirche, Abbildung 3.20) ein Modellvorhaben zur substanzschonenden Betoninstandsetzung denkmalgeschützter Bauwerke realisiert. Diese Kirche wurde nach den Plänen des bekannten Architekten Gottfried Böhm aus den Ziegelresten der durch den Krieg zerstörten Kassler Innenstadt erbaut und ist daher von hohem kulturellem und geschichtlichem Wert. In diesem umfassenden Projekt wurde eine ausführliche Zustandsanalyse vorgenommen [78]. Mit zerstörungsfreien Prüfungen wurden Rissweiten, Tiefe der Bewehrung, witterungsbedingter Materialabtrag, Korrosionszustand der freiliegenden Bewehrung und Ausblühungen untersucht und katalogisiert. Durch die Entnahme von Probekörpern wurden unter anderem Eigenschaften wie Rohdichte, Carbonatisierungstiefe, dynamisches Elastizitätsmodul, Druckfestigkeit, Wasseraufnahme, Porenraum und -radienverteilung und Gehalt von Chlorid, Sulfat und Nitrat untersucht. Wie bereits in Kapitel 2.6.1 und 2.6.2 beschrieben, können pH-Wert und Feuchtigkeit einen erheblichen Einfluss auf einen Teil der untersuchten Parameter haben. Deshalb wurden in enger Zusammenarbeit mit Prof. Gerdes von der Hochschule Karlsruhe faseroptische Sensoren in den Wänden des Kirchenschiffs sowie des Turms und in den Konchen an Nord- und Südseite verbaut.

Abbildung 3.20: Die Kirche Maria, Königin des Friedens, Fatima in Kassel.

Tabelle 3.4: Durchgeführte Messungen an der Fatimakirche in Kassel zur Feststellung der Carbonatisierungstiefe und der Bewehrungsüberdeckung an der Nordseite des Turms und des Kirchenschiffs.

Durchgeführte Analysen	**Nordseite Turm**	**Nordseite Kirchenschiff**
Carbonatisierungstiefe	25 bis 31 mm	40 bis 70 mm
Bewehrungsüberdeckung	$\geqslant$20 mm	-

Die Zustandsanalyse zeigte, dass die Carbonatisierung der maßgebliche Schadensmechanismus ist und daher dessen zeitlicher Fortschritt kontinuierlich überwacht werden muss. In Tabelle 3.4 sind die Ergebnisse für die nördlichen Seiten von Turm und Kirchenschiff zusammengefasst. Eine Untersuchung der Konchen schien nicht erforderlich, da an dieser Stelle bereits so große Schäden entstanden waren, dass der Bewehrungsstahl frei lag. Hier sollten im Rahmen des Projekts Techniken mit Spritzbeton auf denkmalpflegerische Aspekte hin untersucht und die Konchen mit Beton instand gesetzt werden [78, 79]. Weiterhin wurde an der Nordseite des Kirchenschiffs keine Bewehrung eingebaut. Auffällig ist der stark unterschiedliche Fortschritt der Carbonatisierung an Turm und Kirche. Im Turm beträgt die maximale Tiefe nur 31 mm, wohingegen am Kirchenschiff bereits eine Eindringtiefe von bis zu 70 mm erreicht wird. Auf Grund dieser Ergebnisse schien es zweckmäßig, die pH-Sensoren in das Grenzgebiet der Carbonatisierungtiefe einzubringen.

Weiterhin ergaben entsprechende Messverfahren eine Gesamtporosität von $25 - 28\,Vol. - \%$. Dies ist ein etwas höherer Wert als bei modernem Normalbeton. Zudem ist der Anteil der Kapillarporen in den äußeren Bereichen größer, als bei Proben aus dem Inneren (5-7 Vol.-%). Aus diesen Zusammenhängen erklärt sich der, im Vergleich zu Normalbeton, leicht erhöhte

Wasseraufnahmekoeffizient von 1,0-2,4 bzw. 1,7-2,4 kg/$m^2h^{0,5}$ [19]. Da die Betonüberdeckung der Bewehrung im Allgemeinen sehr dünn und der Feuchtigkeitstransport insgesamt als begünstigt anzusehen ist, ergibt sich eine Überwachung durch Sensoren als ratsam. Tabelle 3.5 zeigt Kenngrößen, den Installationszeitpunkt der Sensoren und die sich aus den Überlegungen heraus ergebenden Sensortypen. Basierend auf dem vorliegenden Datenmaterial, den eigenen Untersuchungen und den theoretischen Betrachtungen wurden die im Folgenden beschriebenen drei Bereiche, sowie die zu messenden Kenngrößen für ein Monitoring erarbeitet.

Einbau der Sensoren und Aktivierung[2]

Die Sensoren wurden in die Wände von Kirchenschiff und Turm sowie in die Konchen eingebaut. Hierzu wurde ein Loch mit 10 mm Durchmesser gebohrt und das Bohrmehl aufgefangen. Um die Sensoren so zu platzieren, dass zeitnahe aussagekräftige Messdaten zu erwarten sind, wurden verschiedene Abstände zur Außenwand gewählt. Diese Abstände ergaben sich aus den Voruntersuchungen zur Carbonatisierung. Zur Feststellung dieses Abstands wurde ein Eisenstab in das Bohrloch eingeführt und von außen mit einem Bewehrungsdetektor die Tiefe ermittelt. Nach dem Bohrvorgang wurden die Sensoren eingeführt und die Löcher mit dem angefallenen Bohrmehl verfüllt. Um einer Messwertverfälschung durch eine Vermischung von carbonatisiertem und nicht carbonatisiertem Bohrmehl vorzubeugen, wurde das Bohrmehl in zwei Kategorien getrennt und nacheinander wieder verfüllt und manuell verdichtet.

Tabelle 3.5: Bereiche für Monitoring und maßgebende Messgrößen.

Bereich	**Kenngröße**	**Sensor**	**Installation**	**Abstand zur Außenwand**
Kirchenschiff (Nordseite)	Feuchte	K06 K12	27.09.2006	10 cm 13 cm
	pH	K03		10 cm
Turm (Nordseite)	Feuchte	K08 K09	27.09.2006	3 cm 5 cm
	pH	K02 K05		3 cm 5 cm
Konche (Nordseite)	Feuchte	K13	07.02.2008	ca. 6,5 cm
	pH	K04		
Konche (Südseite)	Feuchte	K109	07.02.2008	ca. 3 cm
	pH	P05		

[2]Das Verfahren zum Einbau der Sensoren und ein Teil der Ergebnisse wurden bereits in [80] beschrieben.

Zur Fixierung des Lichtwellenleiters und des Bohrmehls wurde das Loch mit etwas Mörtel verschlossen.

Tabelle 3.5 zeigt die Verteilung der Sensoren. Im Kirchenschiff ist keine Bewehrung verbaut, weshalb der pH-Wert eine untergeordnete Rolle spielt. Dennoch wurde ein Sensor, zusammen mit einem Feuchtesensor, mit einem Abstand von 10 cm zur äußeren Wand eingebaut, um möglichst viel über das Verhalten der Sensoren im Bauwerk zu lernen. Der zweite Feuchtesensor wurde mit einer Tiefe von 13 cm und einem Abstand von ca. 20 cm zu dem ersten Bohrloch eingebaut.

Im Turm wurden jeweils zwei Feuchte- und zwei pH-Sensoren verbaut. Mit Einbautiefen von 3 cm bzw. 5 cm liegen diese jeweils vor und hinter der Carbonatisierungsfront. Von einem Einbau mit noch geringerem Abstand zur Wand wurde wegen der Gefahr eines Durchbruchs abgesehen. Die Konchen an Nord- und Südseite wurden Ende 2007 mit Spritzbeton instandgesetzt. Daher wurde mit dem Einbau der Sensoren gewartet, bis der Beton ausreichend erhärtet war. Die Einbautiefen betragen hier für jeweils ein Sensorpaar (pH und Feuchte) 6,5 cm an der Nordseite und ca. 3 cm an der Südseite.

Während von den Feuchtesensoren schon direkt nach dem Einbau realistische Werte für die Feuchtigkeit der Umgebung zu erwarten sind, gilt dies nicht für die pH-Sensoren. Nach der Herstellung ist der Farbstoff im protonierten Zustand, er erscheint also gelb und zeigt einen geringen pH-Wert an. Für einen Umschlag in einer stark basischen Umgebung ist grundsätzlich Feuchtigkeit notwendig. In der relativ trockenen Umgebung ist daher zu erwarten, dass sich die Sensoren im Verlauf mehrerer Monate an die basische Umgebung des Betons anpassen (Aktivierungsphase).

Auswertung der pH-Sensoren

Die Auswertung und die Berechnung des entsprechenden pH-Werts der Absorptionsverläufe wurden nach der Vorschrift in [81] und den Kalibrationsfaktoren in [82] an den unnormierten Spektren durchgeführt (siehe auch Kapitel 3.2.3). Um Abweichungen im Absorptionsspektrum besser sichtbar zu machen, wurden alle Spektren in den Abbildungen von 3.21 bis 3.25 normiert.

Der Sensor K02 (Abbildung 3.21) zeigt den Verlauf der Aktivierung eines nachträglich eingebauten pH-Sensors sehr deutlich. Bei der ersten Messung nach dem Einbau am 28.11.2006 ist der Sensor noch nicht an die Umgebung angepasst und zeigt einen sehr niedrigen pH-Wert von 9,5. Im Spektrum der nächsten Messung vom 11.10.2007 erkennt man einen leichten Anstieg der Absorption bei ca. 500 nm und eine Verformung des Kurvenverlaufs. Die Aus-

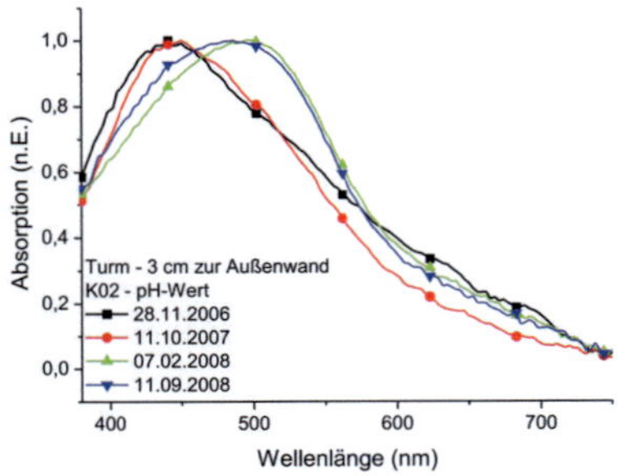

Abbildung 3.21: pH-Sensor K02

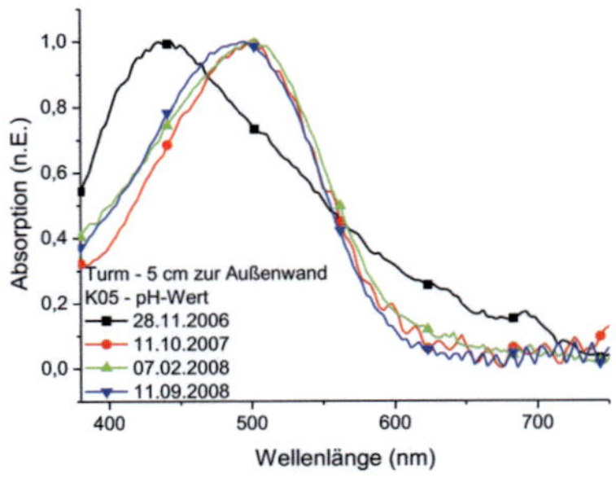

Abbildung 3.22: pH-Sensor K05

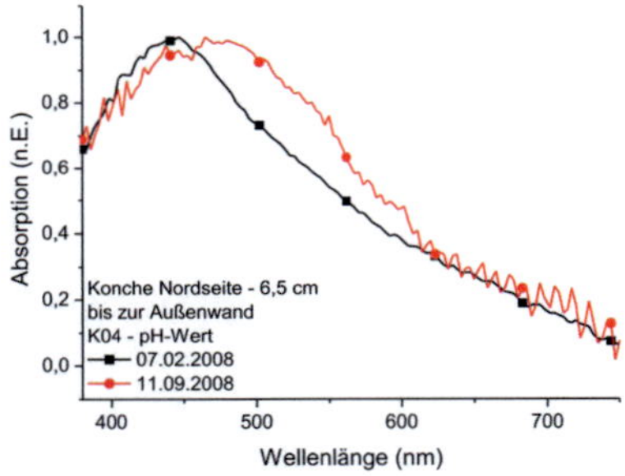

Abbildung 3.23: pH-Sensor K04

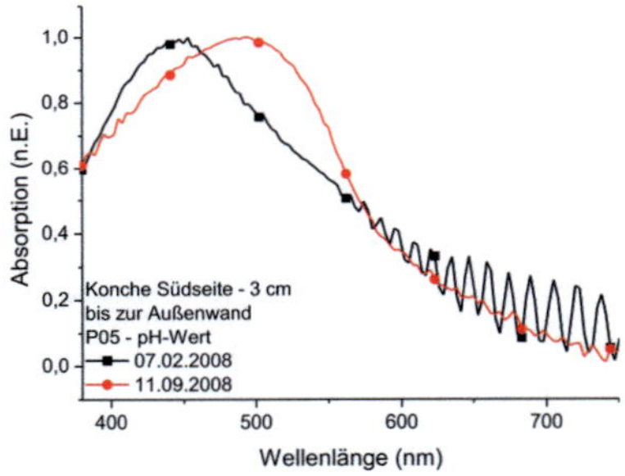

Abbildung 3.24: pH-Sensor P05

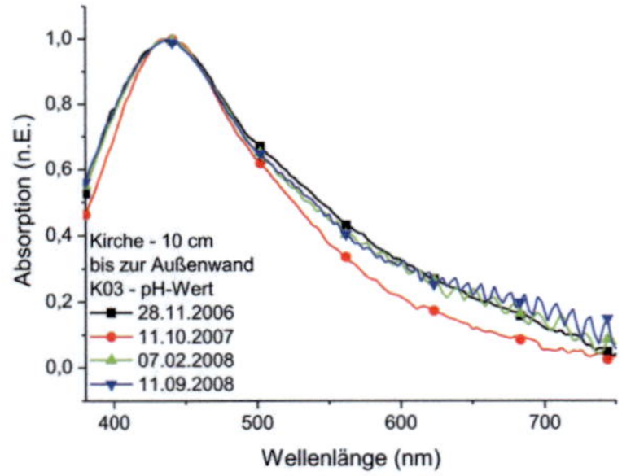

Abbildung 3.25: pH-Sensor K03

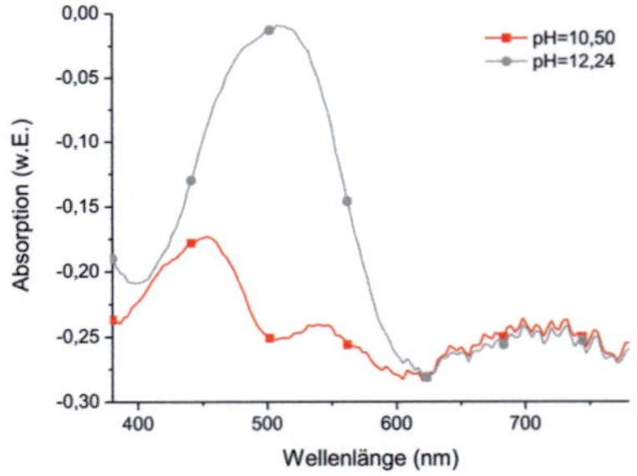

Abbildung 3.26: Kalibrationskurven des pH-Sensors K04.

wertung über das Farbverhältnis (FV) ergibt einen leichten Anstieg und damit einen ungefähren pH-Wert von 10,6. Die beiden folgenden Messungen zeigen ein Absorptionsmaximum bei etwa 500 nm. Die Auswertung ergibt für den 07.02.2008 einen pH-Wert von 11,5 und 11,3 für den 11.09.2008. Das leichte Absinken des pH-Werts ist ebenfalls in der Kurvenform zu erkennen. Der erhöhte pH-Wert von 11,5 ist als Folge des Einbaus zu erklären. Eine partielle Durchmischung des Bohrmehls kann zu einer zwischenzeitlichen Anhebung des pH-Werts geführt haben. Weiterhin werden durch die Zerstörung des Baustoffgefüges unhydratisierte Bestandteile des Betons freigesetzt. Dies kann ebenfalls zu einem zwischenzeitlich erhöhten pH-Wert führen.

Der Sensor K05 zeigt einen sehr ähnlichen Verlauf. Die Auswertung der ersten Messung ergibt ein Farbverhältnis von 0,56 und somit einen pH-Wert von $< 9{,}9$. Bereits am 10.11.2007 ergibt sich aus den Messdaten ein pH-Wert von 11,4. Bei den Folgeterminen ist ebenfalls ein leichter Abfall auf 11,3 bzw. 11,2 gemessen worden.

Eine Aktivierung der pH-Sensoren in den Konchen war durchaus zu erwarten und konnte auch messtechnisch belegt werden. Durch die Instandsetzung wurde genug Feuchtigkeit zur Verfügung gestellt, um einen Farbumschlag in nur kurzer Zeit zu ermöglichen. Für die Berechnung eines pH-Werts ist jedoch zu beachten, dass der Sensor K04 in der ersten Messung ein anderes Spektrum zeigt, als während der Kalibration (vgl. Abbildung 3.23 und 3.26). Da die Kalibrationskurven einen für geringe pH-Werte ungewöhnlichen Verlauf, die Messung am 28.11.2006 jedoch einen normalen Verlauf zeigen, sind hier die Kalibrationsdaten anzupassen. Durch die Normalisierung des Absorptionsverlaufs während der Kalibration ist davon auszugehen, dass die Kalibrationsfaktoren bis auf C_1 stabil bleiben, da dieser Wert bei der Approximation der Gaußkurve mit der Mittenwellenlänge 515 nm unterbewertet worden ist (vgl. [82]). Dies hat eine starke Abweichung von C_1 zur Folge. Eine Anpassung der Kalibration wird über die Verwendung des Messwerts vom 28.11.2006 vorgenommen. Das Farbverhältnis beträgt dort 0,53 (vgl. Tabelle 3.6). Wird C1 für diesen Wert festgelegt, ergibt dies einen pH-Wert von 9,6. Eine weitere Messung vom 11.09.2008 ergibt mit diesen Parametern ein Farbverhältnis von 0,96 bzw. einen pH-Wert von 11,2.

Tabelle 3.6: Anpassung der Kalibrationsdaten von Sensor K04

	C_1	C_2	pK	ΔpH
Sensor K04	0,22→0,53	2,92	11,55	0,23

Ebenso wie in der Konche der Nordwand eine schnelle Reaktion des pH-Sensors aufgezeichnet wurde, gilt dies für P05 in einer Konche der Südseite. Im Februar 2008, direkt nach dem Einbau, zeigte der Sensor sichtbare Störungen oberhalb von 550 nm und einen geringen pH-Wert von weniger als 9,5. Diese Störungen konnten bei der Messung im September 2008 nicht nachvollzogen werden, was auf systembedingte Störungen hinweist, die nicht durch den Zustand des Sensors verursacht wurden. Das Farbverhältnis und damit der angezeigte pH-Wert ist bei der zweiten Messung schon deutlich angestiegen (Abbildung 3.24). Wie auch bei Sensor K02 deutet der Kurvenverlauf der zweiten Messung darauf hin, dass der Farbstoff noch nicht komplett umgeschlagen ist. Der starke Abfall der Absorption bei 550 nm und der flache Verlauf bei Wellenlängen < 500 nm lassen auf einen hohen pH-Wert schließen, der aber noch weiter ansteigen kann. Die Auswertung ergibt an dieser Stelle einen pH-Wert von ca. 11,2.

Eine Reaktion des pH-Sensors K03 ist, wie in Abbildung 3.25 zu sehen, bislang ausgeblieben. Es konnten keine Veränderungen im Kurvenverlauf festgestellt werden und der berechnete pH-Wert liegt bei allen Messungen unterhalb des Kalibrationsbereichs. Dies würde für eine Carbonatisierung des Bereichs sprechen, in dem sich der Sensor befindet. Nach den Voruntersuchungen ist dies jedoch nicht der Fall. Der Sensor ist ca. 10 cm von der Außenwand entfernt platziert worden, die Carbonatisierungsfront ist nach diesen Ergebnissen jedoch erst bis zu 7 cm weiter fortgeschritten. Weiterhin könnte die Aktivierung des Sensors durch zu wenig vorhandene Feuchte ausgeblieben sein. Durch die Entwicklung der anderen Sensoren, die alle schon nach kurzer Zeit erste Anzeichen einer Aktivierung zeigten, ist dies jedoch unwahrscheinlich.

Demnach ergeben alle Messungen, bis auf K03 einen einheitlichen pH-Wert von etwa 11,2.

In Tabelle 3.7 sind noch einmal alle Daten zusammengefasst, die während der Überwachung der Fatimakirche in Kassel aufgenommen und ausgewertet wurden. Die pH-Sensoren K02, K03, K04, K05 und P05 zeigen Absorptionsspektren, welche sich gut nach den Kalibrationsvorschriften auswerten lassen. Direkt nach dem Einbau werden erwartungsgemäß niedrige pH-Werte gemessen. Eine Aktivierung eines Sensors, also der Anpassungsvorgang eines Sensors, welcher nachträglich und trocken in ein bestehendes Gebäude eingebaut wurde, ist von der Menge an vorhandenem freiem Wasser abhängig. Bis auf den Sensor K03 war die Aktivierung bei allen Sensoren nach 7-14 Monaten abgeschlossen. K03 zeigte als einziger während der Dauer des Versuchs keine Reaktion. Für dieses Verhalten kann es verschiedene Ursachen geben. Beim Einbau könnte durch einen entstandenen Hohlraum eine Entkopplung des Sensors von der Umgebung stattgefunden haben. Weiterhin könnte die aktive Zone des Sensors bei der Herstellung mit einer dickeren Schicht des Sensormaterials bedeckt worden sein. Dies würde eine Verringerung der Reaktionsgeschwindigkeit des Sensors bedeuten. Als

Tabelle 3.7: Zusammenfassung der Messergebnisse in der Fatimakirche, Kassel. Symbole: (○) = keine Auswertung möglich; (•) = Sensor noch nicht verbaut. Die Werte in Klammern geben den jeweiligen Messwert an.

Sensor	Ort	Typ	28.11.2006	11.10.2007	07.02.2008	11.09.2008
K02	Turm	pH	9,5 (0,64)	10,63 (0,68)	11,45 (1,32)	11,30 (1,11)
K05		pH	< 9 (0,56)	11,40 (1,68)	11,32 (1,58)	11,25 (1,3)
K08		rel. Feuchte (%)	115% (564 nm)	137 % (557 nm)	149 % (553 nm)	88 % (573 nm)
K09		rel. Feuchte (%)	177 % (544 nm)	129 % (560 nm)	192 % (539 nm)	91 % (573 nm)
K03	Kirche	pH	< 10 (0,47)	< 10 (0,42)	< 9,5 (0,42)	< 10 (0,4)
K06		rel. Feuchte (%)	(○)	(○)	(○)	(○)
K12		rel. Feuchte (%)	114 % (568 nm)	130 % (562 nm)	136 % (560 nm)	94 % (579 nm)
P05	Konche Süd	pH	(•)	(•)	< 9,5 (0,6) (K05)	11,17(1,14) (K05)
K109		rel. Feuchte (%)	(•)	(•)	590 nm	(○)
K04	Konche Nord	pH	(•)	(•)	9,6 (0,53)	11,20 (0,96)
K13		rel. Feuchte (%)	(•)	(•)	574 nm	(○)

weitere Ursache muss noch ein defekter Sensor in Betracht gezogen werden. Das Absorptionsspektrum zeigt jedoch eindeutig die Farbe eines protonierten pH-Sensormaterials. Ein gebrochener Sensor würde ein Spektrum mit deutlich mehr Rauschen zeigen. Sollte auch in den nächsten Jahren keine Reaktion erfolgen, muss ein Rückbau des Sensors und eine Untersuchung des Mauerwerks Klarheit über dieses Verhalten bringen.

Weiterhin ist bei den Sensoren K02 und K05 nach der Aktivierung ein leichter Rückgang des pH-Werts zu beobachten. Dieses Verhalten ist bei K05 in den letzten beiden und bei K02 in der letzten Messung zu sehen. Dies kann eine Auswirkung des Einbaus der Sensoren sein. Wird das Gefüge durch Bohrungen aufgebrochen, werden unhydratisierte Klinkerphasen freigesetzt. Die Hydratationsreaktion kann zu einer zeitweiligen Anhebung des pH-Werts führen. Daher kann es auch in carbonatisiertem Beton zu einem erhöhten pH-Wert kommen, der im weiteren Verlauf wieder abnimmt.

Auswertung der Sensoren zur Feuchtedetektion

Wie in Tabelle 3.5 gezeigt, sind sechs Sensoren für rel. Feuchte in verschiedenen Wänden der Kirche verbaut worden. Die Messdaten sind in den Abbildungen von 3.27 bis 3.32 in normierter Form aufgetragen. Die Auswertung erfolgte über den Punkt der maximalen Absorption, welcher über die Kalibrationsdaten (vgl. Tabelle 3.1) in einen Wert für die rel. Feuchte umgerechnet wurde. Der Sensor K08 im Turm der Kirche zeigt ein glattes Spektrum mit leichten Schwankungen im Kurvenverlauf (siehe Abbildung 3.27). Die erste Messung am 28.11.2006 ergab ein Maximum bei 564 nm. Dies entspräche einer rel. Luftfeuchte von 115%. In den darauf folgenden Messungen steigt dieser Wert auf 137% (557 nm) und 149% (553 nm). Bei der letzten Messung vom 11.09.2008 wurden 88% rel. Feuchte (573 nm) gemessen.

Ein ähnliches Verhalten zeigte der Sensor K09, der in der gleichen Wand des Turms, in 5 cm Tiefe eingebaut wurde (Abbildung 3.28). Die ersten drei Messungen ergaben 177%, 129% und 191%. Im letzten Termin wurden noch 91% rel. Feuchte gemessen, womit ein Signalverlauf analog zu Sensor K08 gegeben ist. Die Messdaten zeigen jedoch in der letzten Messung ein sehr starkes Rauschen, wodurch die Auswertung verfälscht wird.

Die Messdaten von Sensor K12 im Kirchenschiff (Abbildung 3.29) ergeben Werte von 114%, 130%, 136% und 94% rel. Feuchte. Somit sind auch diese Werte dem Verlauf von K08 sehr ähnlich.

Der Sensor K06 (Abbildung 3.30), welcher ebenfalls in der Wand des Kirchenschiffs eingebaut wurde, zeigt seit seinem Einbau in die Nordwand des Kirchenschiffs ein Spektrum, welches nicht ausgewertet werden kann. Da die Ursache dieses Verhaltens ungeklärt ist (vgl. [72]), muss auch an dieser Stelle ein Rückbau des Sensors in Betracht gezogen werden, um die Ursache zu ermitteln.

Nach der Instandsetzung der Konchen wurden dort ebenfalls Feuchtesensoren eingebaut. K13 und K109 (Abb. 3.31 und 3.32) zeigen nach ihrem Einbau am 07.02.2008 den zu erwartenden Absorptionsverlauf mit je einem Maximum bei 590 nm und 574 nm. Bei der folgenden Messung am 11.09.2008 zeigten diese Sensoren keine auswertbaren Spektren mehr. Der Kurvenverlauf von K13 lässt auf ein Stadium kurz vor dem Ausfall des Sensors schließen, da das Absorptionsmaximum nur noch schwach ausgeprägt ist und bei sehr geringen Wellenlängen liegt. Der Sensor K109 zeigt ein stark erhöhtes Rauschen und einen Verlauf ohne jedes typische Maximum.

Auch für die Sensoren zur Detektion der relativen Feuchte sind die Daten noch einmal in Tabelle 3.7 zusammengefasst. Die Auswertung nach den Kalibrationsvorschriften hat gezeigt, dass das Verhalten des Sensors nach der Herstellung nicht zuverlässig vorhergesagt

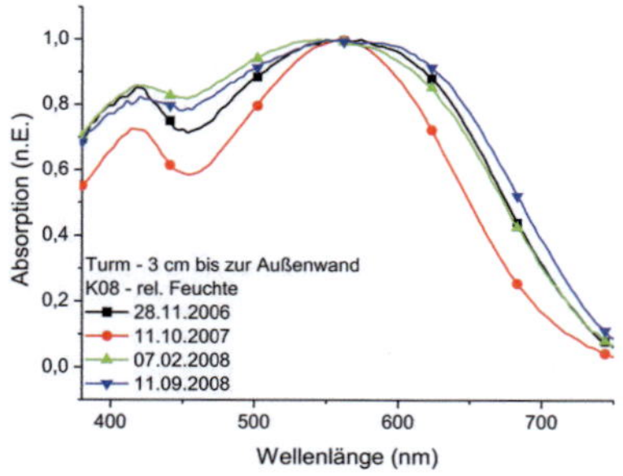

Abbildung 3.27: Sensor zur Detektion von relativer Feuchte - K08

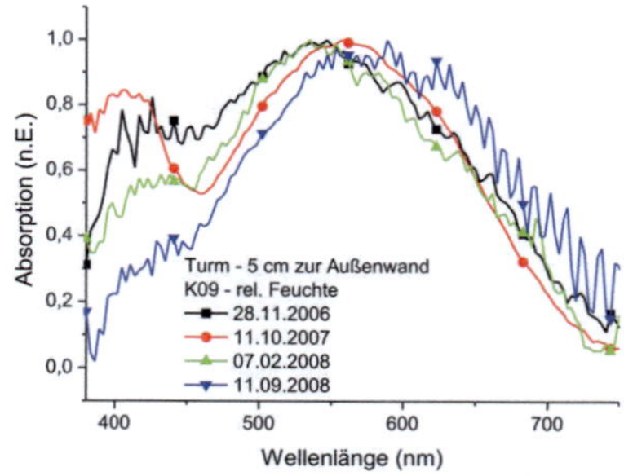

Abbildung 3.28: Sensor zur Detektion von relativer Feuchte - K09

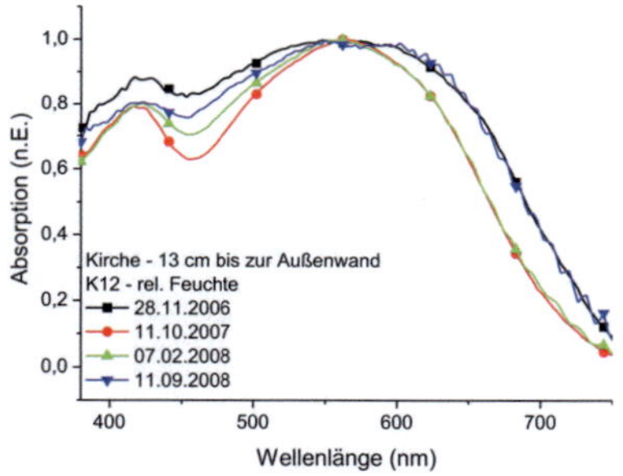

Abbildung 3.29: Sensor zur Detektion von relativer Feuchte - K12

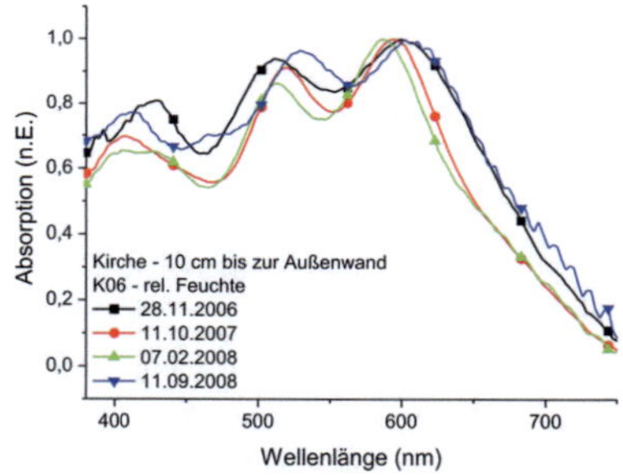

Abbildung 3.30: Sensor zur Detektion von relativer Feuchte - K6

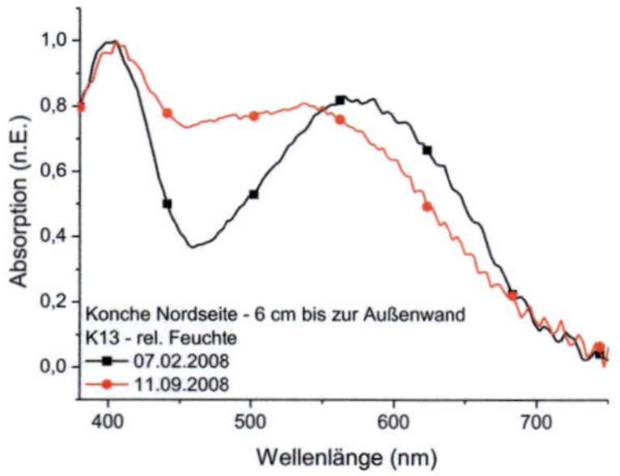

Abbildung 3.31: Sensor zur Detektion von relativer Feuchte - K13

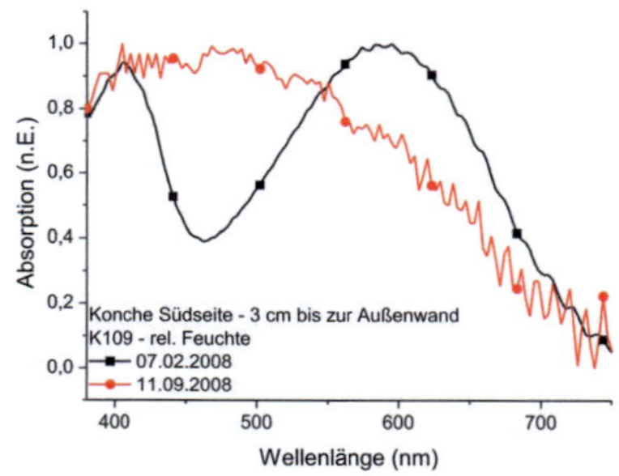

Abbildung 3.32: Sensor zur Detektion von relativer Feuchte - K109

werden kann. Die ermittelten Punkte der maximalen Absorption ergeben eine unrealistisch hohe relative Feuchte. Dies lässt auf eine Verschiebung der Absorption-Feuchte-Abhängigkeit schließen. Daher ist eine Aussage über die tatsächlich vorliegende rel. Feuchte nicht zulässig. Weiterhin sind einige Sensoren bereits nach wenigen Monaten ausgefallen. Dies betrifft vor allem die später eingebauten Sensoren K13 und K109. Es ist zu vermuten, dass die kurz vor dem Einbau durchgeführte Instandsetzung mit Spritzbeton zu dem schnellen Ausfall der Sensoren beigetragen hat. Dies wird durch die Untersuchungen bezüglich einer Instabilität des Sensormaterials bei zu großem Feuchteeintrag unterstützt (vgl. Kapitel 3.2.3). Der Sensor K09 zeigte schon nach dem Einbau im November 2006 ein Spektrum mit einem höheren Rauschen als die anderen Sensoren. Dieses Rauschen hat sich im letzten Jahr noch verstärkt und es ist davon auszugehen, dass dieser Sensor innerhalb der nächsten Monate keine auswertbaren Messdaten mehr liefern wird. Die Sensoren zeigen jedoch ein einheitliches Verhalten mit sehr hohen Werten nach dem Einbau der Sensoren und einem starken Abfall bei der letzten Messung.

3.3.3 Zusammenfassung

Im Rahmen dieser Arbeit sollte die Langzeitstabilität des faseroptischen Sensorsystems untersucht werden. Sensoren zur Feuchte- und pH-Wert-Messung wurden in der Fatima-Kirche verbaut und regelmäßig ausgelesen. Nach dem Verbau zeigten alle pH-Sensoren gute Spektren, aber zunächst einen niedrigen pH-Wert an. Nach teilweise mehr als einem Jahr waren die Sensoren jedoch bis auf eine Ausnahme aktiviert und zeigten den erwarteten hohen pH-Wert. Nur ein Sensor zeigte während der gesamten Untersuchung von etwa einem Jahr und zehn Monaten überhaupt keine Reaktion. Auch die Sensoren zur Detektion relativer Feuchte zeigten zunächst bis auf einen ein gutes Spektrum. Aber hier wurde die Instabiliät des Sensorfarbstoffes deutlich. Ein Sensor zeigte nach etwas mehr als einem Jahr kein auswertbares Spektrum mehr. Zwei weitere Sensoren wurden nachträglich in die aufbereiteten Konchen der Kirche verbaut, wo durch frischen Beton noch eine hohe Feuchtigkeit zu erwarten war. Diese waren bereits nach 7 Monaten ausgefallen.

4 Elektrooptisches Sensorsystem

Die beschriebenen faseroptischen Sensoren ermöglichten es, die Sensorfarbstoffe durch die Auswertung eines hoch aufgelösten Spektrums genau zu untersuchen. Mit dem Verständnis für das Verhalten des Farbstoffs wurde es möglich, das Messsystem zu vereinfachen und faseroptische Komponenten durch weniger komplexe Teile zu ersetzen. In diesem Kapitel soll dargestellt werden, wie ein elektrooptisches Sensorsystem aussehen kann, das die Vorzüge des faseroptischen Systems noch durch eine einfache Plattform, günstige Komponenten und die generelle Möglichkeit einer kabellosen Übertragung der Messdaten erweitert.

Die Bearbeitung dieses Teilprojekts wurde durch die Deutsche Forschungsgesellschaft (DFG) ermöglicht. Im Rahmen des Sonderforschungsbereichs 477 wurde das Transferprojekt *„Integrierte Mikrosensoren für die Bauwerksüberwachung"* für zwei Jahre gefördert.

4.1 Sensoraufbau

Der Sensor besteht aus vier wesentlichen Komponenten: Das Gehäuse, die Steuerelektronik, das mikroelektronische Sensor-Modul MORES® (MikroOptischer REmissions-Sensor) und der Sensorfarbstoff inklusive Reflektoreinheit. Der Einsatz erfolgt hierbei analog zu den faseroptischen Sensoren. Der Sensor wird in die Betonteile eines Gebäudes eingebracht und verbleibt dort für die Restlebensdauer des Bauwerks. In Abbildung 4.1 ist dieser Teil auf der rechten Seite zu sehen. Der linke Teil der Abbildung 4.1 zeigt die Komponenten des Systems, die sich außerhalb der Messumgebung in einem Mess- und Steuerrechner befinden. Dieser hat die Aufgabe der elektrischen Energieversorgung, der Steuerung und der Datenverarbeitung. Die Prozesssteuerung wird über ein in LabView implementiertes Programm realisiert. Das Sensor-Modul MORES® ist eine Entwicklung der Firma CiS - Institut für Mikrosensorik (CiS) aus Erfurt. Die generelle Funktionsweise wird in Kapitel 4.2 behandelt. Anschließend werden die notwendigen Anpassungen an verschiedene Sensorfarbstoffe (Kapitel 4.2.1), die LEDs (Kapitel 4.2.1.4) und die Kalibrationsdioden (Kapitel 4.2.3) betrachtet. Die volle Funktionalität erreicht das Sensormodul jedoch erst durch eine gute optische Ankopplung an das sensitive Material. Der Aufbau sowie die Anforderungen an eine Reflektoreinheit werden in Kapitel 4.2.2 näher erläutert. Das Sensormaterial ist auf die aggressive Umgebung des Betons angepasst und reagiert auf eine Veränderung spezieller Parameter in seiner Umgebung.

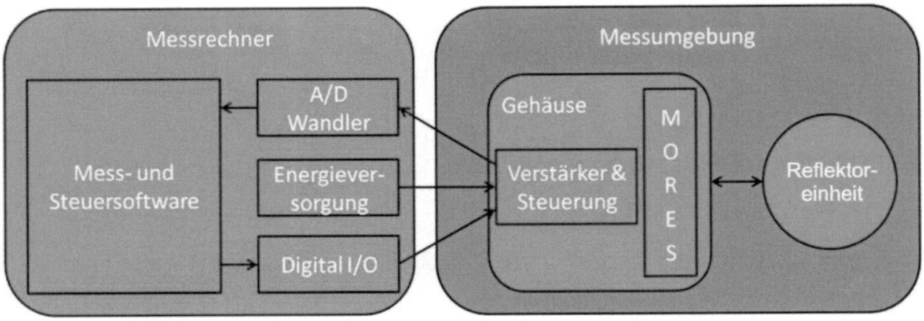

Abbildung 4.1: Der Sensor (rechts) wird in die Messumgebung eingebracht und über eine mehradrige Leitung mit dem Messrechner (links) verbunden. Hierbei ist die Elektronik im Sensor, bestehend aus dem MORES®-Modul und den Steuerelementen in einem korrosionsbeständigen Gehäuse verkapselt und optisch an die Reflektoreinheit angekoppelt.

In dieser Arbeit wurde das Verhalten von Sensormaterialien für die Messgrößen pH-Wert, Chlorid-Konzentration und relative Feuchte untersucht. Eine nähere Betrachtung dieser Materialien wurde bereits in Kapitel 3.2.3 erläutert.

Zur Steuerung des Sensors und zur Detektion des Messsignals wurde eine Elektronik entwickelt, die in Kapitel 4.3 beschrieben und charakterisiert wird. Im letzten Abschnitt dieses Kapitels werden Messergebnisse ausführlich präsentiert und diskutiert. Zudem werden in Kapitel 4.5 Betrachtungen zu Charakterisierung und Kalibration des Gesamtsystems vorgenommen.

4.2 Das MORES-Modul

Das in diesem System eingesetzte Sensormodul ist eine Entwicklung der Firma CiS. Es basiert auf einem einfachen Konzept und ist mit der für die Massenproduktion geeigneten Siliziumtechnologie und wenigen günstigen Bauteilen zu realisieren. Abbildung 4.2 zeigt die generelle Funktionsweise des Moduls. Grundlage des Sensors ist ein Siliziumsubstrat. In dieses ist eine Vertiefung eingebracht, in der LEDs platziert werden. Diese emittieren Licht, welches als Signalgeber genutzt wird. Durch eine Rückstreuung auf die Detektoren, welche als pin-Dioden realisiert sind, wird eine Intensität gemessen. Hierüber kann nach verschiedenen Konzepten ein Rückschluss auf die Eigenschaften der Messumgebung gezogen werden. In Variante (I) wird das Licht durch Streuzentren innerhalb des Sensormaterials gebrochen. Durch eine Veränderung der Streu- oder der Absorptionseigenschaften ergibt sich ein Nutzsignal. Variante

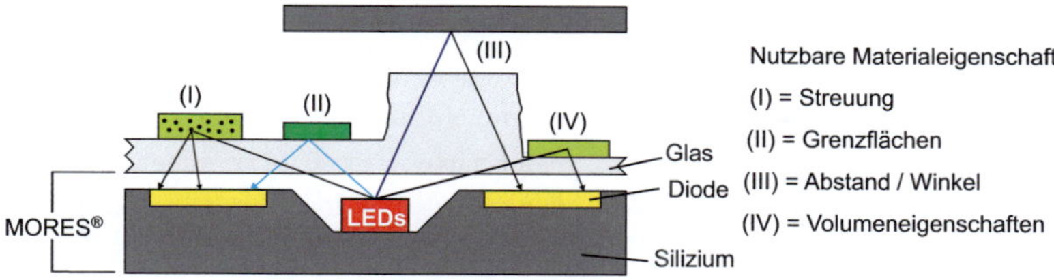

Abbildung 4.2: Mit der Plattform des MORES®-Moduls können verschiedene Parameter der Umgebung oder auch von Sensormaterialien untersucht werden.

(II) erlaubt durch Totalreflexion eine Auswertung des Brechungsindex. Eine Abstands- oder Winkelmessung wäre mit der Messoption (III) möglich. Die Volumeneigenschaften eines Materials können ebenfalls die Rückstreuung auf den Detektor beeinflussen und somit messbar gemacht werden (IV). Durch die Betrachtung der Absorptionseigenschaften in bestimmten Wellenlängenbereichen ist eine ähnliche Auswertung der bekannten Sensorfarbstoffe wie mit den faseroptischen Sensoren in Kapitel 3.2 möglich.

Abbildung 4.3 zeigt auf der linken Seite eine Ausführung des MORES®-Moduls mit einer Kontaktierung per Flexband. Die Kantenlänge beträgt 8 mm bei einer Dicke von ca. 2 mm. Um das Konzept der faseroptischen Sensoren erfolgreich auf die MORES®-Technologie zu übertragen, sind nur wenige Schritte zur Anpassung notwendig. Es können mehrere LEDs mit verschiedenen Emissionswellenlängen für die Farbmessungen eingesetzt werden. Eine Anpassung erfolgt durch die Spezifikation der notwendigen verschiedenfarbigen LEDs. Je nach Verhalten des Sensorfarbstoffs kann die Anzahl variieren (vgl. Kapitel 4.2.1).

In Abbildung 4.3 (rechts) wird der Querschnitt durch ein solches Modul schematisch dargestellt. Die LEDs befinden sich nebeneinander in der Vertiefung des Silizium-Substrats. Auf

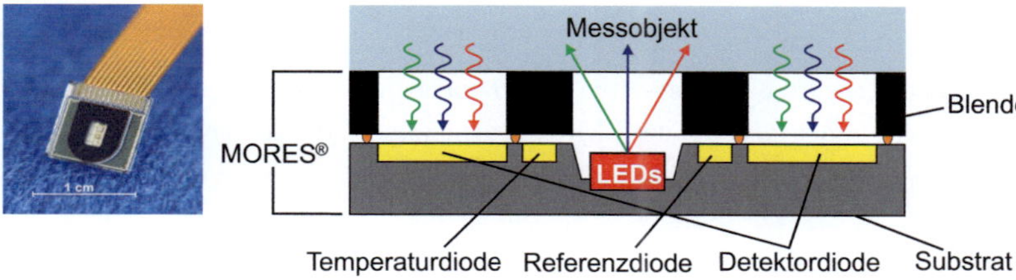

Abbildung 4.3: Ein MORES®-Modul in der Flexband-Ausführung (links). Der Aufbau mit den verschiedenen Komponenten eines solchen Moduls im Querschnitt (rechts).

der rechten und linken Seite der Chipoberfläche befinden sich die Photodetektoren (pin-Dioden[1]). Weiterhin wurden zwei Dioden zur Kalibration in das Substrat eingebracht. Eine optisch entkoppelte (abgedeckte) Diode dient der Temperaturmessung. Eine weitere Diode (Referenzdiode) besitzt einen optischen Kanal zu den Emittern, ist aber gegenüber der Messumgebung ebenfalls entkoppelt. Auf diese Weise kann sie als Maßgeber für das abgestrahlte Licht genutzt werden.

Das Messobjekt muss zwei Funktionen erfüllen. Zunächst muss es sensibel auf den zu messenden Parameter reagieren. Hierfür werden in diesem Fall die spezifischen Sensormaterialien für Feuchte, pH-Wert und Chlorid eingesetzt. Die zweite Aufgabe des Messobjekts besteht darin, das Licht auf die Detektoren zurückzustreuen. Das Messobjekt muss also gleichzeitig Reflektor und Materialträger sein (siehe Kapitel 4.2.2). Um ein Übersprechen von den LEDs zu den Detektoren zu minimieren, wurde ein Deckel aus Foturan®-Glas eingesetzt. Dieses fotostrukturierbare Glas dient dazu den Sensor zu verkapseln. Zudem kann es durch einen Prozess opaque gemacht werden und dient somit als Blende zur optischen Entkopplung von den Emittern und den Detektoren. Zudem wird die Unterseite strukturiert und teilweise metallisiert. Auf diese Weise werden die Komponenten des Sensors elektrisch kontaktiert [83].

Während des Messvorgangs werden die LEDs einzeln und nacheinander angesteuert. Das emittierte Licht bestrahlt das Messobjekt und spezifische Anteile werden von dort auf die Detektoren reflektiert. Auf diese Weise kann jedem Wellenlängenbereich eine Intensität zugeordnet werden. Verändern sich die Absorptionseigenschaften des Messobjekts in Folge einer Parameteränderung in der Messumgebung, wirkt sich dies auf die detektierten Intensitäten aus. Somit ergibt sich aus dem MORES®-Modul in Kombination mit dem Sensorfarbstoff und der Reflektoreinheit ein Sensor, der in Aufbau und Funktion mit den faseroptischen Sensoren vergleichbar ist.

4.2.1 Emitter

Im folgenden Abschnitt sollen die verwendeten Emitter näher untersucht werden. Die zentrale Fragestellung besteht in der Auswahl der LEDs für die jeweilige Messanwendung.

[1]Die Bezeichnung pin-Diode leitet sich aus dem Aufbau des Bauteils her. Sie besteht aus drei Schichten, die unterschiedlich dotiert sind („positiv intrinsisch negativ").

4.2.1.1 Feuchtesensoren

Bereits in Kapitel 3.2.3 wurden die verwendeten Sensormaterialien diskutiert. Diese Stoffe variieren in ihrem Absorptionsverhalten in Abhängigkeit der jeweiligen Umgebung. Mit bis zu drei unterschiedlichen LEDs können Rückschlüsse auf das Absorptionsverhalten des Materials geschlossen werden. Eine Veränderung der Absorptionseigenschaften würde demnach eine Veränderung der gemessenen Intensität nach sich ziehen. Über eine Betrachtung der Absorptionseigenschaften ist es möglich, eine optimale Auswahl für die Spitzenwellenlängen der Emitter zu finden. Abbildung 4.4 (links) zeigt zwei Spektren des Sensorfarbstoffs für Feuchte. Diese normierten Graphen beschreiben die Verschiebung des Absorptionsmaximums bei einer Veränderung der Umgebungsfeuchte. Bei einer relativen Umgebungsfeuchte von 40% steigt die Absorption hier in einem Bereich von 470 nm bis fast 600 nm an. Wird der Sensor in Wasser eingetaucht verschiebt sich dieser Bereich zu niedrigeren Wellenlängen. Ein Anstieg findet hier nur noch zwischen 450 nm und ca. 560 nm statt. Diese Betrachtung ist jedoch nur bedingt zulässig, wenn man bedenkt, dass die Kurven mit Ihrem Absorptionsmaximum auf den Wert 1 normiert sind. Dies muss bei der Auswertung einbezogen werden. Bei 561 nm ist die Absorption im durchfeuchteten Fall maximal. Es hat eine Verschiebung des Maximums um etwa 38 nm stattgefunden.

Bei der Auswahl der passenden LEDs sind drei Faktoren zu beachten:

- Durch die Verwendung von LEDs erhält man eine Information über die Absorption einer Bandbreite von Wellenlängen, nicht nur eines diskreten Punktes.
- Für ein maximales Nutzsignal müssen jene Wellenlängen (-bereiche) betrachtet werden, deren Absorptionsveränderungen maximal sind.

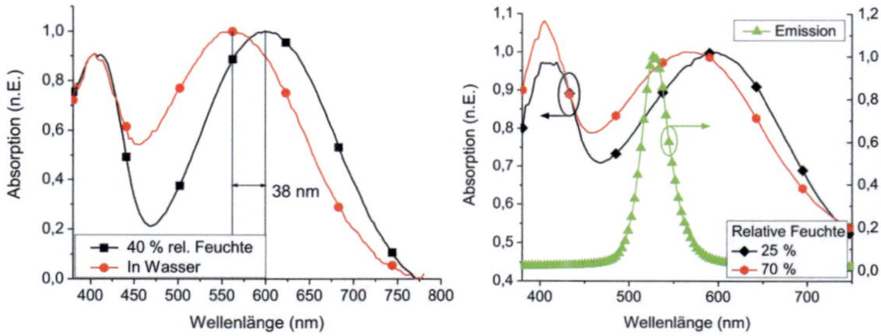

Abbildung 4.4: Links: Beispielspektren des Sensormaterials mit Reichardts Farbstoff bei 40 % rel. Feuchte bzw. in Wasser getaucht. Rechts: Exemplarische Überlagerung eines LED-Emissionsspektrums mit den Absorptionsspektren des Sensorfarbstoffs zur Feuchtedetektion.

- Das Absorptionsspektrum schwankt als Ganzes in Abhängigkeit von Temperatur und Wassergehalt (Offset). Ein Messpunkt im Spektrum, der unabhängig von der rel. Feuchte ist, kann genutzt werden, um diesen Fehler zu korrigieren (Offsetkorrektur).

Abbildung 4.4 (rechts) zeigt eine ähnliche Messung. Zusätzlich wurde das Emissionsspektrum einer beliebigen LED eingeblendet. Würde man mit dieser LED die Absorptionseigenschaften der beiden Sensormaterialien untersuchen, würde man für jedes Material einen Messwert erhalten. Im Falle der höheren Luftfeuchtigkeit ist in diesem Teil des Spektrums auch eine höhere Absorption zu erwarten. Weniger Licht würde auf die Detektoren gelangen, der Messwert müsste daher kleiner werden. Für alle Wellenlängen emittiert die LED Licht einer bestimmten Intensität $I_{LED}(\lambda)$. Weiterhin ist jeder Wellenlänge ein Absorptionskoeffizient $A(\lambda)$ zuzuordnen. Dieser entspricht dem relativen Messwert eines Spektrometers. Mit diesen Informationen ist mit einer Integration über den relevanten Wellenlängenbereich die Maßzahl I_{det} zu berechnen:

$$I_{det} = \int A(\lambda) \cdot I_{LED}(\lambda) d\lambda. \tag{4.1}$$

Für die vorliegenden diskreten Werte kann die Gleichung umgeschrieben werden:

$$I_{det} = \sum_i A_i \cdot I_{i_{LED}}. \tag{4.2}$$

Für die Simulation des Sensorverhaltens wurden Messdaten als Basis herangezogen, die mit einem faseroptischen System in einer Langzeitmessung in einem Klimaschrank aufgenommen wurden. Es wurde mehrfach ein Wechsel zwischen sehr feuchter und sehr trockener Luft bei einer konstanten Temperatur durchgeführt und die Intensitäten aufgezeichnet. Für jedes zur Auswahl stehende LED-Spektrum kann nun für jeden Zeitpunkt ein virtueller Messwert berechnet werden. Der Verlauf der Messwerte gibt schließlich das Verhalten bei einem Wechsel von einer feuchten Umgebung in eine trockene, und umgekehrt, wieder (siehe Abbildung 4.5). Es ist zu erkennen, dass bei einer LED mit der Spitzenwellenlänge von 690 nm die größte Messwertschwankung zu erwarten ist. Im Wellenlängenbereich um 590 nm, wo sich das Absorptionsmaximum befindet, ist die Reaktion auf einen Feuchtigkeitssprung nur sehr gering. Diese LED kann genutzt werden, um die Offsetkorrektur bei der Berechnung durchzuführen. Bei noch geringeren Wellenlängen hat sich die Reaktion des Sensors umgekehrt. Die größte zu 690 nm komplementäre Reaktion findet bei ca. 540 nm statt.

Die simulierten Messdaten lassen darauf schließen, dass eine Auswertung mit LEDs möglich ist. Eine LED, die im Bereich des Absorptionsmaximums emittiert (590 nm), dient als Offset-

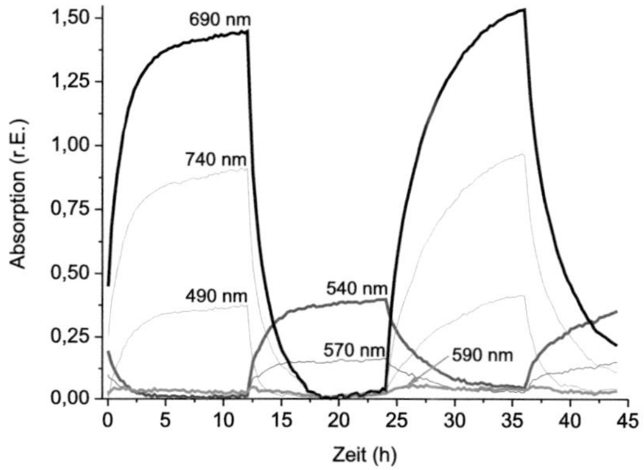

Abbildung 4.5: Ergebnis der rechnerischen Überlagerung des Absorptionsspektrums eines Farbstoffs zur Feuchtedetektion und Emissionsspektren von beispielhaft ausgewählten LEDs. Die eingezeichneten Wellenlängen kennzeichnen jeweils das Maximum des Emissionsspektrums einer LED.

Kompensator. Über den gesamten Wellenlängenbereich konstante Absorptionsänderungen können durch einen Bezug der Messdaten auf dieses Absorptionsniveau herausgerechnet werden. Das gegenläufige Verhalten der Messdaten an den Flanken des Absorptionsspektrums (540 nm und 690 nm) erlaubt eine einfache Auswertung über die Bildung des Werts I_{res}

$$I_{res} = \frac{I_{540nm} - I_{590nm}}{I_{690nm} - I_{590nm}}. \tag{4.3}$$

Für eine Überprüfung der Eignung dieses Auswerteverfahrens bietet sich ein Vergleich mit den Messdaten an, die für die Evaluation der optimalen Emissionswellenlängen herangezogen wurden. Abbildung 4.6 (links) zeigt eine Überlagerung der beiden Auswertungsverfahren. In dem Versuch wurde der faseroptische Sensor starker Trockenheit und hoher rel. Luftfeuchte im Wechsel ausgesetzt. Die Reaktion des Sensors spiegelt sich in einer zeitverzögerten Veränderung der Wellenlänge maximaler Absorption wider (rechte Y-Achse). Eine Auswertung dieser Daten nach dem Modell der maximalen Absorptionsveränderung ergibt einen nahezu identischen Verlauf. Diese hohe Übereinstimmung konnte erwartet werden, da diese Versuchsdaten zu Grunde gelegt wurden, um die optimalen Wellenlängen der LEDs zu berechnen. Auf der anderen Seite ist eine leichte Abweichung zu erkennen und es sollte überprüft werden, ob sich diese nicht verstärkt in anderen Datensätzen fortsetzt und eine Auswertung mit dieser Methode erschwert.

Der Datensatz einer Langzeitmessung wurde für die folgenden Berechnungen verwendet. In diesem Versuch wurde das Verhalten der faseroptischen Sensoren in einem Klimaschrank für mehr als 20 Tage untersucht. Die relative Luftfeuchtigkeit wurde hierbei zwischen 25 und 70% relativer Feuchte zyklisch variiert. Alle fünf Stunden wurde die relative Luftfeuchtigkeit um 5% erhöht bzw. verringert. Der Sensor zeigte eindeutige Reaktionen auf die Veränderung der Umgebungsfeuchte mit einer Anpassung seines Absorptionsmaximums (Abbildung 4.6 rechts). Eine Auswertung der Messdaten mit Hilfe der vorgestellten Methode ergibt eine gute Übereinstimmung. Dennoch weisen beide Ergebnisse gewisse Unterschiede auf. Im Gegensatz zu der Auswertungsmethode über das Absorptionsmaximum werden Details des Feuchteverlaufs sichtbar. Ein Sprung in der Umgebungsfeuchte kann hier eindeutig durch eine Veränderung des Messdatenverlaufs beschrieben werden, der zunächst steil ansteigt und dann flacher wird, bis die Luftfeuchtigkeit nach fünf Stunden wieder geändert wird.

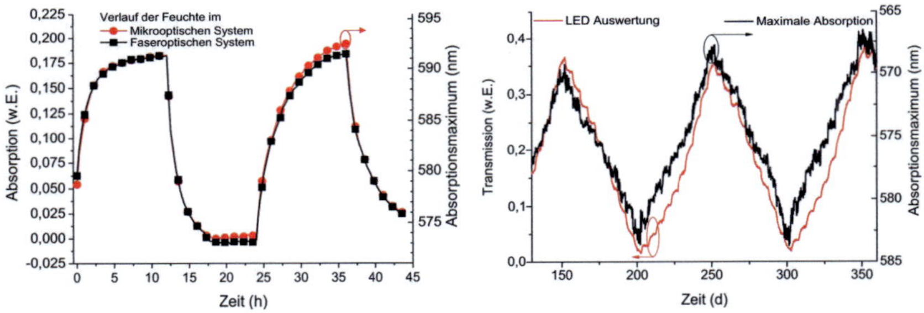

Abbildung 4.6: Vergleich der Auswertung eines Datensatzes mittels Bestimmung der Wellenlänge der größten Absorption und durch die ermittelten idealen LEDs (links). Auswertung einer Langzeitmessung mit dem faseroptischen Sensorsystem. Die rechte Achse zeigt das Originalergebnis, die linke das Ergebnis der simulierten LED-Auswertung (rechts).

4.2.1.2 pH-Sensoren

Um eine Anpassung des Sensorsystems an den pH-sensitiven Farbstoff zu erreichen, wurde das selbe Prinzip wie in Kapitel 4.2.1.1 angewendet. Abbildung 4.7 zeigt das Absorptionsspektrum des Sensormaterials bei einem hohen und einem niedrigen pH-Wert. Im Falle eines niedrigen pH-Werts gibt es ein Absorptionsmaximum bei ca. 450 nm und erscheint gelb. In einer Umgebung, die noch basischer ist, verändert sich das Absorptionsverhalten des Farbstoffs. Die Absorption bei 500 nm nimmt immer weiter zu und es bildet sich ein weiteres

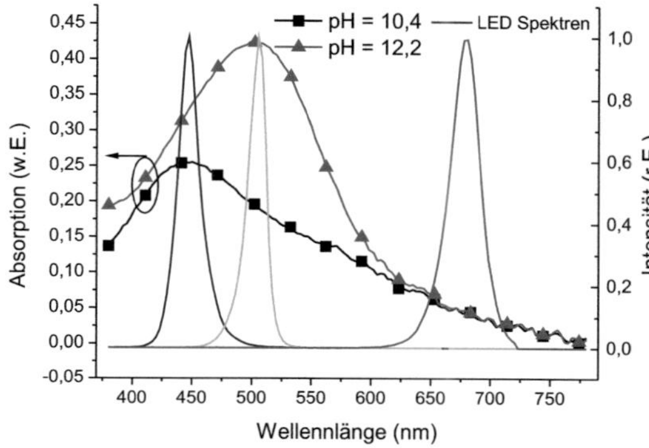

Abbildung 4.7: Die charakteristischen Absorptionsmaxima des Farbstoffs werden durch jeweils eine LED abgedeckt. Zur Offsetkorrektur wird eine weitere LED bei einer höheren Wellenlänge eingesetzt.

Maximum aus, welches das erste überlagert, bis es schließlich das Absorptionsverhalten dominiert. In diesem Stadium erscheint der Farbstoff rot. Wie im Fall des feuchtesensitiven Farbstoffs sind Schwankungen in der Absorption nicht auszuschließen, die sich über das gesamte Spektrum erstrecken. Für eine Offsetkorrektur wird ein Bereich im Spektrum benötigt, dessen Absorption nicht vom pH-Wert abhängig ist. Wie in der Abbildung zu sehen ist, vereinigen sich die Absorptionsspektren in einem Bereich mit λ >650 nm. Wie beispielhaft gezeigt, sollte hierfür eine LED mit einer Spitzenwellenlänge von 680 nm oder größer genutzt werden. Daher wurden die Emitter der Verfügbarkeit entsprechend mit Mittenwellenlängen von 450, 530 und 670 nm ausgewählt.

4.2.1.3 Chloridsensoren

Eine gesonderte Anpassung des Sensormoduls auf den Chloridfarbstoff wurde nicht durchgeführt. Abbildung 3.17 (siehe Kapitel 3.2.3.3) zeigt, dass eine Auswertung mit den vorhandenen Wellenlängenkombinationen möglich ist. Die Absorptionseigenschaften des Farbstoffs bei 450 nm bleiben auch bei erhöhter Chloridkonzentration konstant. Durch die Aggregation bildet sich jedoch eine weitere Absorptionsbande aus, die durch eine LED mit der Spitzenwellenlänge 530 nm detektiert werden kann. Bleibt die Zusammensetzung von Farbstoff, Testlösung, Lösemittel und der pH-Wert konstant, kann die Absorption der Lösung ohne Chloridbelastung als Referenz genutzt werden, um die Höhe der Absorption im sensitiven

Bereich zu ermitteln und auf diese Weise Rückschlüsse auf die Chloridkonzentration zu ziehen.

4.2.1.4 Abstrahlung der Emitter

Um eine möglichst konstante Abstrahlung der LEDs zu erreichen, wurde die Versorgung mit Konstantstromquellen realisiert. Das resultierende Abstrahlverhalten der verwendeten LEDs im System wurde untersucht, indem diese einzeln und nacheinander an einer Konstantstromquelle mit 20 mA für zehn Sekunden betrieben wurden. Dies entspricht in etwa der Belastung durch einen Messzyklus. Um für die ersten Versuche ungealterte LEDs zu verwenden wurde ein Modul genutzt, mit dem zum Versuchszeitpunkt lediglich ein Funktionstest nach der Fertigung durchgeführt wurde. Der Verlauf des Fotostroms der Referenzdiode ist in Abbildung 4.8 zu sehen. Innerhalb der Messzeit nimmt der Fotostrom deutlich ab. Nach einem Zyklus wurde eine Regenerationsphase von einer Minute Länge eingehalten und der Test zunächst 5 mal wiederholt. Der Verlauf ist in allen fünf Versuchen der selbe, es ist jedoch zu beobachten, dass bei jedem Zyklus weniger Fotostrom gemessen wird.

Dieser Test wurde nach einer Regenerationsphase von ca. 10 Minuten wiederholt und es konnte festgestellt werden, dass der Einsatzstrom wieder auf den Betrag der Durchläufe zwei und drei angestiegen ist. Das lässt auf einen reversiblen Prozess, beispielsweise Temperaturschwankungen, schließen wodurch diese Verschiebungen verursacht werden.

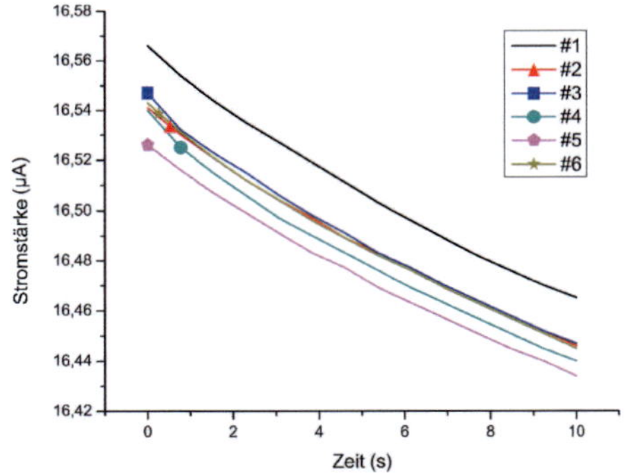

Abbildung 4.8: Verlauf des Detektorstroms bis 10 s nach Messbeginn. Zwischen den Messungen wurde eine Dunkelphase von einer Minute Länge eingehalten. Für alle Messungen wurde der selbe Detektor verwendet.

Der detektierte Fotostrom ist demnach von verschiedenen Faktoren abhängig und eine grundsätzliche Vergleichbarkeit zwischen zwei Messungen ist nicht gegeben. Daher ist für jede Messung der Bezug auf eine Referenz notwendig. Hierfür wird die Referenzdiode eingesetzt, die im folgenden Kapitel genauer untersucht wird.

4.2.1.5 Zusammenfassung

Es wurde gezeigt, dass es mit drei schmalbandigen Emittern möglich ist, Farbveränderungen mit einer Intensitätsmessung zu detektieren. Das mikrooptische System MORES® in Kombination mit einem geeigneten Reflektor und einem Sensorfarbstoff, der auf Veränderungen von signifikanten chemischen Eigenschaften in Stahlbeton reagiert, eignet sich demnach für die Bauwerksüberwachung. Wie zuvor gezeigt, gibt es optimale Wellenlängen, um Farbveränderungen mittels LEDs auszuwerten. In der Praxis müssen jedoch Kompromisse eingegangen und Produkte ausgewählt werden, die so gut wie möglich zu den charakteristischen Veränderungen des Spektrums passen. Für die weiterführenden Versuche wurden die Spitzenwellenlängen nach Tabelle 4.1 ausgewählt.

Tabelle 4.1: Spitzenwellenlänge für die beiden Sensortypen zur Detektion von Veränderungen des pH-Wertes und der relativen Feuchte.

	LED1 λ in nm	LED2 λ in nm	LED3 λ in nm
pH-Wert	450	530	670
relative Feuchte	530	590	670
Chlorid	450	530	670 (nicht benötigt)

4.2.2 Reflektoren

Zur weiteren Betrachtung der Funktionen des MORES®-Moduls muss die verwendete Reflektoreinheit mit einbezogen werden. Diese hat einen wesentlichen Einfluss auf die spezifischen Eigenschaften des Sensors, die für eine Kalibrierung notwendig sind.

Das Messobjekt (siehe Abbildung 4.3) ist ein flexibler Bestandteil des Messsystems und kann an die jeweilige Messaufgabe angepasst werden. Dabei muss es über folgende Eigenschaften verfügen:

- Chemische Interaktionsfähigkeit der Messumgebung mit dem Sensorfarbstoff[2]

[2] Grundsätzlich sind verschiedene Konzepte denkbar, bei der nicht grundsätzlich von einer chemischen Interaktionsfähigkeit ausgegangen werden muss. Auch muss nicht immer ein Farbstoff eingesetzt werden. Für die hier verwendeten Sensorfarbstoffe ist diese Anforderung jedoch gegeben.

- Gute optische Ankopplung des Sensormaterials an das Sensormodul
- Mechanische Stabilität
- Chemische Stabilität.

Eine gute chemische Ankopplung wird durch eine große Kontaktfläche zwischen Messumgebung und Sensorfarbstoff erreicht. Ionen werden direkt zwischen den beiden Reaktanden ausgetauscht und langsamer ablaufende Diffusionsprozesse führen zu einer weiteren Reaktion des Farbstoff in tiefer gelegenen Schichten. Demnach ist die Kontaktfläche zwischen den Reaktanden für ein schnelles Ansprechen des Sensors zu optimieren.

Um dies zu erreichen wurden auch poröse Reflektoren aus Borosilikatglas untersucht (siehe Abbildung 4.9 links). Diese haben eine ausreichende Beständigkeit gegenüber der basischen Umgebung des Betons [84]. Weiterhin sind diese Bausteine aus gesintertem Glasgranulat in verschiedenen Porositäten kommerziell erhältlich und bieten eine sehr große Oberfläche. Abbildung 4.9 (rechts) zeigt die Funktionsweise dieses Reflektors. Das Licht dringt in den Reflektor ein, das mit dem Sensormaterial imprägniert ist. Dort wird das Licht mehrfach gebrochen, jedoch von dem Träger selbst nicht absorbiert. Der Reflektor hat daher die Funktion des Diffusors, Trägers und mechanischen Stabilisators.

Im Vorfeld wurden verschiedene Reflektoren auf ihre Anwendbarkeit mit dem Sensormodul untersucht. Hierfür wurde das Sensormaterial durch einen Abstandshalter aus Glas ersetzt. Der Reflektor wurde dann von der internen Lichtquelle (LED bei 670 nm) bestrahlt und der Fotostrom der pin-Diode gemessen. Je höher die gemessene Stromstärke, desto besser ist die optische Ankopplung. Bei einem ersten Experiment mit einem Silberspiegel wurde ein Abstandhalter mit einer Dicke von 0,2 mm eingetzt. Hier konnte ein nur geringer Fotostrom von weniger als 0,1 µA gemessen werden. Dies ist mit den Reflektionseigenschaften des Silberspiegels zu erklären. Durch die geringe Streuung wird ein Großteil des Lichts zurück auf die Quelle, in die Kavität bzw. auf die absorbierenden Blenden gestrahlt. LEDs weisen grundsätzlich ein stark winkelabhängiges Abstrahlverhalten auf. Ein Großteil des Lichts wird senkrecht zur emittierenden Fläche abgestrahlt, womit der Abstand zum Reflektor umso wichtiger wird, je glatter dieser beschaffen ist. Eine Vergrößerung des Abstands auf 1 mm führte zu einem entsprechend erhöhten Detektorstrom von ca. 1,5 µA und damit zu der 15-fachen Ausbeute. Auch poröse Folien aus Teflon kommen in Frage, um eine chemische und optische Ankopplung des Sensorfarbstoffs an Messumgebung und Sensormodul zu gewährleisten. Bei einem Abstand von 1 mm konnte ein Nutzsignal von ca. 0,9 µA erreicht werden.

Im Folgenden wurden die Eigenschaften von Glasreflektoren aus Borosilikatglas mit verschiedenen Porösitäten untersucht. Zu diesem Zweck wurde eine Aufnahme für das Sensormodul

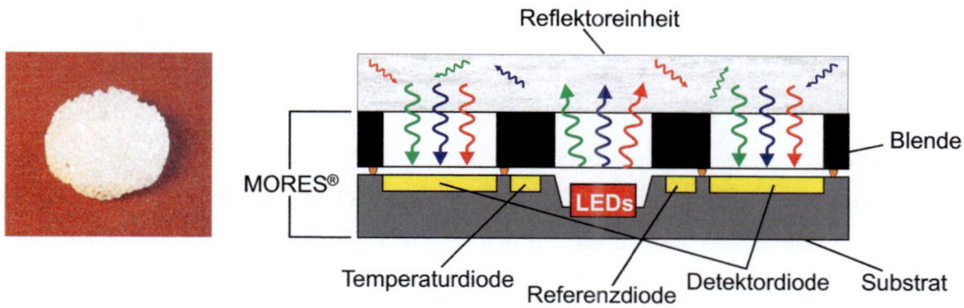

Abbildung 4.9: Eine Reflektoreinheit aus Borosilikat (links). Mit gelösten Sensormaterialien kann ein solcher Reflektor imprägniert werden und auf das MORES® - Modul aufgesetzt werden. Das von LEDs emittierte Licht wird in der Reflektoreinheit gestreut und gelangt so auf die Detektordioden.

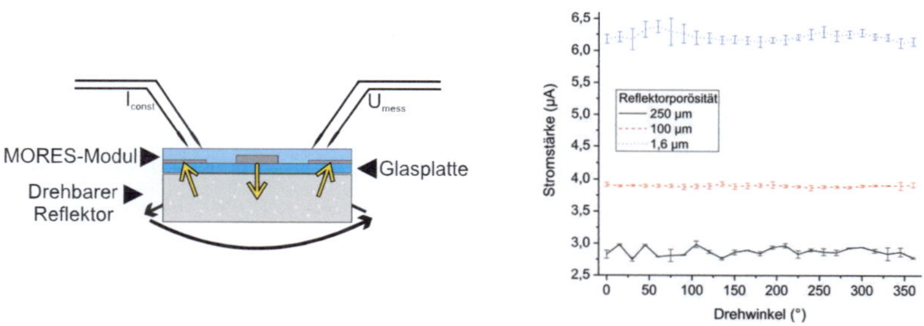

Abbildung 4.10: Links: Ein Abstandhalter aus Glas wird zwischen die optische Ebene des MORES®-Moduls und den Probekörper eingefügt, um einen Abstand von ca. 1 mm einzustellen. Darunter ist der Glaskörper um die eigene Achse drehbar gelagert. Rechts: Detektorstrom in Abhängigkeit der Glasporosität und des Drehwinkels.

entworfen (Abbildung 4.10 links). So konnte der Reflektor in konstantem Abstand zum Sensor platziert werden und blieb dennoch frei beweglich. Auf diese Weise sollte der Einfluss einer relativen Bewegung zwischen Modul und Reflektor gezeigt werden. Während dieser Untersuchung wurde eine LED (Spitzenwellenlänge 450 nm) des Moduls eingeschaltet und der Fotostrom gemessen. Danach wurde der Reflektor um 15 ° gedreht und die Messung erneut durchgeführt. Wie in Abbildung 4.10 (rechts) zu sehen ist, nimmt die Größe des Nutzsignals mit sinkender Porosität zu.

Durch die Notwendigkeit eines flexibel gelagerten Glasreflektors kam es im Messaufbau zu einer leichten Verkippung aus der optischen Achse. Dies führte zu einer Abhängigkeit des

Messsignals vom Drehwinkel, die sich in Form einer sinusförmigen Schwingung im Nutzsignal auswirkte. Dieser Fehler wurde mathematisch auf Grundlage der Standardabweichung des Signals korrigiert. Die folgenden Werte beziehen sich auf die korrigierten Daten. Tabelle 4.2 zeigt die Eigenschaften der Probekörper. Die Porenweite in µm bezeichnet hierbei die größte Pore, bestimmt nach ISO 4793. Die Dichte wurde durch ein kombiniertes Wäge- und Tränkverfahren bestimmt. Dazu wurde ein Reflektor getrocknet und gewogen. Nach einer Tränkung des Reflektors in destilliertem Wasser in einem Ultraschallbad wurde nach Entfernung des Haftwassers erneut gewogen. Aus der Dichte des Borosilikatglases von 2,23 g/cm^3 und Wasser ergibt sich aus den berechneten Volumina die Rohdichte des Probekörpers. Dabei ist zu erkennen, dass die gemessenen Proben mit sehr geringer Porosität eine niedrigere Dichte aufweisen, als die anderen Proben. In den Reflektivitätsmessungen zeigt die Probe mit einer Porosität von P250 eine Signalstärke von 2,75-3 µA, wobei weitere Messungen mit anderen Proben derselben Porosität zum gleichen Ergebnis führten. Die raue Oberfläche führte zu einer hohen Varianz des Nutzsignals bezogen auf den Drehwinkel. Je nach Stellung des Reflektors streute der Messwert um bis zu 10%.

Bei der Porosität P100 wurde ein durchschnittlicher Fotostrom von 3,9 µA gemessen. Dieser Probekörper zeichnet sich durch einen geringen Unterschied zwischen höchstem und niedrigstem gemessenen Wert von 0,06 µA aus. Weiterhin konnten nur geringe Abweichungen bei Wiederholungen festgestellt werden, was aus den geringen Standardabweichungen für jeden Drehwinkel ersichtlich ist.

Der Probekörper mit der geringsten Porosität weist die höchste Reflektivität in Bezug auf den Detektor auf. Bei einer Porenweite von P1.6 erreicht dieser einen Fotostrom 6,13-6,37 µA. Dieser Wertebereich ist zwar mehr als das doppelte eines P250-Reflektors, die Standardabweichung ist jedoch bis zu 0,16 µA. Herstellungsbedingte Wölbungen im Reflektor führen zu starken Variationen im Nutzsignal. Eine nur leicht veränderte Stellung, Drehung oder Verkippung führt zu einer starken Veränderung des Signals.

Die Tabellen 4.3 und 4.4 fassen noch einmal die Ergebnisse der Reflektoruntersuchungen zusammen. Die höchste Rückstreuung des Testsignals erreicht der Probekörper aus Borosi-

Tabelle 4.2: Porosität der Glaskörper laut Hersteller. Dichte bestimmt durch ein Wäge- und Tränkverfahren.

Herstellerbezeichnung	0	2	5
Porenweite (in µm)	160-250	40-100	1,0-1,6
Normbezeichnung ISO 4793	P250	P100	P1.6
Rohdichte (in g/cm^3)	1,74	1,74	1,54

likat mit der geringsten Porosität. Die Reflektivität streut jedoch in einem Bereich von 4 % und auch geringe Veränderungen der Lage können einen Sprung in der Reflektivität verursachen. Ein geringeres Nutzsignal zeigt der Reflektor P100. Die Messwerte sind jedoch sehr viel besser reproduzierbar und die Streuung beträgt lediglich 1,5 % des Nutzsignalwerts.

Die chemische Ankopplung einer perforierten Teflonfolie ist im Vergleich zu den Glaskörpern mit größeren Porositäten ebenfalls als gut einzustufen. Durch die relativ hohe Dichte des Probekörpers P5 ist eine etwas schlechtere Ankopplung zu erwarten. Bei einem Silberspiegel ist eine Strukturierung notwendig, um den Farbstoff zugänglich zu machen. Dies würde sich negativ auf die Reflektivität auswirken. Alle Probekörper aus Glas bieten eine ausgezeichnete mechanische Stabilität als Träger des Sensorfarbstoffs. Messdatenverfälschungen durch mechanische Einflüsse sind nahezu auszuschließen. Die getestete Teflonfolie bot hingegen

Tabelle 4.3: Vergleich des Nutzsignals in Abhängigkeit des Reflektors. Der Abstand bezieht sich auf die Weglänge zwischen Reflektor und der Sensoroberfläche. Der Fotostrom ist im Mittel angegeben. Das Intervall (μA) gibt die Differenz zwischen dem größten und dem kleinsten gemessenen Wert an.

Reflektor	Abstand (mm)	Fotostrom (µA)	Intervall (µA)
Teflon	1	0,9	-
Silberspiegel	0,2	<0,1	-
Silberspiegel	1	1,5	-
Glaskörper P0 (P250)	1	2,87	0,24
Glaskörper P2 (P100)	1	3,9	0,06
Glaskörper P5 (P1.6)	1	6,22	0,25

Tabelle 4.4: Eigenschaften der in Frage kommenden Reflektoren für eine Anwendung in Betonbauwerken im Vergleich. Die Bewertung erfolgt kategorisch in gut (+), neutral (0) und weniger gut (-). Der Eintrag / bedeutet, dass je nach Ausführung verschiedene Bewertungen vorliegen können. Die chemische Ankopplung beschreibt die Kontakfläche zwischen Messumgebung und Sensorfarbstoff. Eine gute optische Ankopplung liegt vor, wenn ein hohes Nutzsignal mit geringer Lageabhängigkeit des Reflektors erreicht wird. Eine gute mechanische und chemische Stabilität ist notwendig, um eine lange Lebensdauer zu garantieren.

	Chem. Ankopplung	Opt. Ankopplung	Mech. Stabilität	Chem. Stabilität
Teflon	+	-	-	+
Silberspiegel	/	-	/	+
Pellet (P250)	+	0	+	0
Pellet (P100)	+	+	+	0
Pellet (P1.6)	0	+	+	0

keinen Schutz gegen Zerstörung, da sie mit einer Dicke von wenigen 10 µm leicht zerreißen kann. Ein massiver Spiegel aus Silber mit einer Dicke von ca. einem mm hingegen kann einen guten Schutz bieten, dies würde jedoch die chemische Ankopplung beeinträchtigen. Um diese zu gewährleisten wären Bohrungen im Blech notwendig, die die optische Kopplung noch zusätzlich verschlechtern würden. Eine Dünnschicht würde zwar eine sehr feine Strukturierung und somit eine gute chemische Ankopplung ermöglichen, aber die mechanische Stabilität wäre stark beeinträchtigt. Poröse Glaskörper bieten zunächst mit ihrer ganzen Fläche eine gute Anbindung an die Messumgebung. Weiterhin sind sie mechanisch sehr stabil und bieten die beste optische Ankopplung von den getesteten Materialien. Es bleibt aber zu erwähnen, dass unter Umständen Einbußen in der Langzeitstabilität hingenommen werden müssen. Gegenüber Basen sind Teflon und Silber extrem stabil, währenddessen Borosilikatglas nur eine eingeschränkte Beständigkeit gegen Laugen besitzt. Allerdings ist die Zerstörung bei normalen Temperaturen auch in NaOH-Lösung (1 mol/l) zu vernachlässigen. Erst bei einer Temperatur von 65 °C wird in einer Stunde eine Schicht von 0,1 µm angegriffen [84]. Aufgrund dieser Ergebnisse wurden die weiteren Arbeiten mit Borosilikat-Reflektoren der Porosität P100 durchgeführt.

In Abbildung 4.11 wird schematisch dargestellt, wie sich das Licht einer LED im Sensor verteilt. Das abgestrahlte Licht der LED dringt zum größten Teil durch den Glasdeckel und dringt in den Reflektor ein. Ein Teil wird jedoch von den Blenden absorbiert oder an den Grenzflächen auf die Kavität mit den LEDs und die Referenzdiode reflektiert. Ein weiterer Teil des Lichts wird direkt auf den Detektor geleitet, ohne vorher in das Trägermaterial für den Sensorfarbstoff eingedrungen zu sein. Dieser Teil des entstehenden Messsignal ist ein Übersprechen zwischen Sender und Empfänger und verfälscht die Messung.

Der Rest des Lichts dringt in den Reflektor ein und wird an Grenzflächen gebrochen und zum Teil stark abgelenkt. Zudem wird es in Abhängigkeit von der Wellenlänge im Sensorfarbstoff absorbiert. Ein großer Anteil strahlt durch den Reflektor hindurch und trifft auf die Messumgebung oder den Sensor. Die Blenden absorbieren das Licht und in der Kavität, in der die LEDs montiert sind, wird es entweder als Störsignal auf die Referenzdiode gestreut oder wieder in den Reflektor oder die Blenden gestrahlt. Nur das Licht, das auf die Detektoren gelangt, steht als Messsignal zur Verfügung.

Diese Betrachtung zeigt, dass das Nutzsignal nur einem geringen Anteil des tatsächlich ausgestrahlten Lichts entspricht. Der weitaus größere Teil wird nicht für die Messung genutzt. In einer Messung wird das Verhältnis zwischen der Stromstärke an der Referenzdiode und an den Detektoren ausgewertet. Eine Veränderung der optischen Eigenschaften von Sensormaterial oder Reflektor können einen starken Einfluss auf eine Messung nehmen. Daher ist der Reflektor für eine Langzeitmessung derart zu montieren, dass keine relative Bewegung

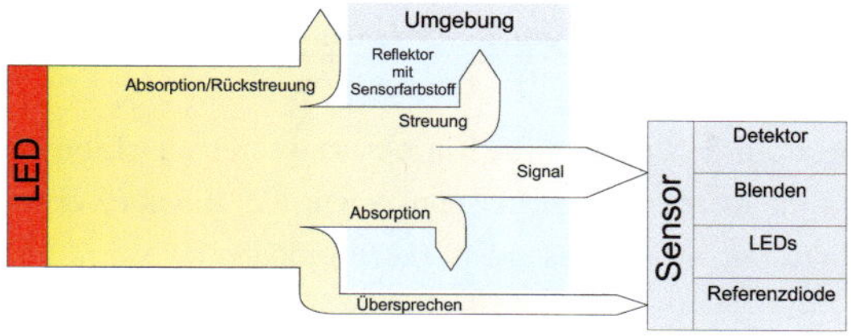

Abbildung 4.11: Lichtfluss, Verluste und Störquellen innerhalb des Sensors.

zu dem Sensormodul stattfinden kann. Auch der Sensorfarbstoff sollte seine optischen Eigenschaften über die Lebensdauer erhalten, um nicht allein durch ein verändertes Streuverhalten einen verfälschenden Einfluss auf die Messung zu nehmen.

4.2.3 Kalibrationsdioden

4.2.3.1 Referenzdiode

In einer Messung wird von den Fotodetektoren ein Absolutwert in Form eines Sperrstroms geliefert. Durch die Veränderung dieses Werts, herbeigeführt durch unterschlidliche Intensitäten des einfallenden Lichts, kann dieser als Grundlage zur Berechnung der Absorption des Sensorfarbstoffs genutzt werden. Die Emission der LEDs kann, wie im vorherigen Kapitel gezeigt, jedoch schwanken. Weiterhin ist die Positionierung der Bauteile bei der Fertigung nicht beliebig genau. Auch bei der Herstellung der Halbleiterelemente sind leichte Unterschiede zu erwarten. Dies betrifft sowohl die relative Position der LEDs zu der Referenzdiode, als auch die Streuung physikalischer Größen der Halbleiter.

Dies hat zur Konsequenz, dass die gemessene Lichtintensität sehr stark von den Betriebsparametern der LED abhängt (Strom, Alter, Temperatur, etc.). Durch die Verwendung einer Referenz erreicht man somit eine Vergleichbarkeit zwischen Messungen mit unterschiedlichen Bedingungen. Messungen von unterschiedlichen MORES®-Modulen können jedoch unter den gleichen Umständen gegebenenfalls zu unterschiedlichen Ergebnissen führen. Daher wurde der Kalibrationsfaktor K_{LEDx} eingeführt, um eine möglichst gute Vergleichbarkeit zwischen den verschiedenen MORES®-Modulen zu erreichen. Damit wird das Verhältnis zwischen den gemessenen Stromstärken der Referenzdiode und den Detektoren gekennzeichnet. Die an den Detektordioden gemessene Intensität variiert jedoch bei verschiedenen Reflektoren. Um die Absorption eines Sensorfarbstoffs berechnen zu können ist es notwendig einen Reflektor ohne Sensormaterial zur Kalibration einzusetzen. Daraus ergibt sich für jeden der drei Emitter der Kalibrationsfaktor

$$K_{LEDx} = \frac{I_{detektor1} + I_{detektor2}}{I_{monitor}}. \tag{4.4}$$

Für die folgenden Versuche wurden zumeist die Korrekturfaktoren aus Tabelle 4.5 verwendet, da diese Module auch für die meisten Versuche genutzt wurden. Bei der Verwendung anderer Module und Korrekturfaktoren ist dies gesondert gekennzeichnet.

Tabelle 4.5: Korrekturfaktoren für zwei MORES®-Module. Die integrierten LEDs entsprechen jeweils einem Aufbau für pH-Sensoren und einem Aufbau für Feuchtesensoren.

Aufbau	Kontaktierung	pIn1 (I in µA)	pIn2 (I in µA)	Referenz (I in µA)	pIn1+pIn2 (I in µA)	Korrekturfaktor K_{LEDx}
1 (pH)	LED1 (450 nm)	3,465	3,810	6,420	7,275	1,198
1	LED2 (530 nm)	24,295	26	26,3	50,295	1,912
1	LED3 (670 nm)	16	16,5	39,2	32,5	0,829
2 (r.F.)	LED1 (590 nm)	2,65	2,32	6,77	4,97	0,734
2	LED2 (530 nm)	18,8	20,15	17,25	38,95	2,258
2	LED3 (670 nm)	15,6	15,8	33,7	31,2	0,932

4.2.3.2 Die Temperaturdiode

Wie die Versuche mit der integrierten Temperaturdiode gezeigt haben, ist diese in der eingesetzten Form nicht für die Messung der Temperatur nutzbar. Dennoch soll kurz auf das Prinzip der Temperaturmessung mit einer Diode eingegangen werden.

Die Temperaturabhängigkeit der elektrischen Eigenschaften von Silizium führt zu mehreren Möglichkeiten, die Umgebungstemperatur zu bestimmen. Dazu wurde in das Modul eine pin-Diode integriert, die hier untersucht wurde. Die Temperaturabhängigkeit der Kennlinie einer Diode ist vor allem durch zwei Eigenschaften gekennzeichnet. Zum einen beeinflusst die Temperatur den Verlauf der Kennline im Durchlassbereich (siehe Abbildung 4.12 links im ersten Quadranten des dargestellten Koordinatensystems). Bei sinkender Temperatur wird die Anzahl der freien Ladungsträger geringer (die intrinsische Dichte n_i nimmt ab) und es ergibt sich eine höhere Schwellspannung. Damit verschiebt sich die Kennlinie in Vorwärtsrichtung nach rechts, wenn die Temperatur abnimmt. Wird eine Diode über eine Konstantstromquelle in Durchlassrichtung betrieben, wird sich die Spannung um ca. 2 mV/K verschieben [85]. Vorversuche mit einem MORES®-Modul erbrachten jedoch nicht die zu erwartenden Ergebnisse.

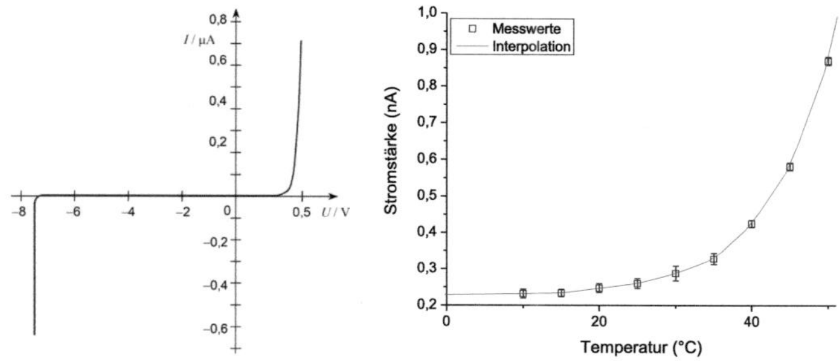

Abbildung 4.12: Beispielhafte Kennlinie eines pn-Übergangs (links) [88]. Sättigungssperrstrom in Abhängigkeit von der Temperatur (rechts).

Zum anderen ist der Sättigungssperrstrom I_s ebenfalls von der Temperatur abhängig (siehe Abbildung 4.12 links im dritten Quadranten). Der Betrag von I_s ist für einen pn-Übergang mit

$$I_s \sim T^3 e^{-\frac{W_g}{nkT}} \tag{4.5}$$

abschätzbar [86, 87]. Der Sperrstrom ist demzufolge proportional zu dem Quotienten der Temperatur T und einer Exponentialfunktion, welche den Bandabstand W_g, die Boltzmann-Konstante k_B und nochmals die Temperatur T enthält. Weiterhin wird das nicht ideale Verhalten einer Diode durch den Idealitätsfaktor oder auch Emissionskoeffizient n beschrieben [88] und dieser Wert liegt zwischen 1 und 2. Demnach nimmt der Sperrstrom bei höheren Temperaturen zu. Die Messung des Sperrstroms hat den Vorteil, dass dieser nahezu unabhängig von der Sperrspannung ist. Abbildung 4.12 (rechts) zeigt den Sättigungssperrstrom bei einer Sperrspannung von 5 V in Abhängigkeit von der Temperatur.

Demnach steigt der Sättigungssperrstrom bei höheren Temperaturen deutlich an. Eine Differenzierung zwischen den gemessenen Stromstärken unterhalb von 20 °C ist auf Grund des Rauschens mit der verwendeten Messtechnik nicht zuverlässig. Nur mit einem stark erhöhten Aufwand in Schaltungs- und Messtechnik wäre es möglich, die untersuchte Diode für den gewünschten Zweck der Temperaturmessung zu nutzen.

4.3 Elektronik

Das MORES®-Modul wird in einem stabilen Gehäuse mit der notwendigen Elektronik in den Beton eingebracht. Die Elektronik ist dafür zuständig Steuerbefehle anzunehmen, die

Messung durchzuführen, die Messdaten aufzubereiten und an den Steuerrechner weiterzuleiten. Wie in Abbildung 4.13 zu erkennen ist, stellt die Elektronik die Verbindung zwischen der Hardware für die Datenerfassung und dem Sensor dar. Die Datenerfassungshardware steuert über eine entsprechende Software die Konstantstromquellen, welche die LEDs auf dem Sensormodul versorgen, sowie einige Optionen, die der verwendete Verstärker anbietet (siehe unten). Der Fotostrom wird durch den integrierten Transimpedanzverstäker mit dem gewünschten Verstärkungsfaktor in eine Spannung gewandelt, noch einmal durch einen Tiefpass gefiltert und schließlich digitalisiert.

In der Umsetzung der Steuerungselektronik, die für die folgenden Versuche genutzt wurde, gab es drei Konstantstromquellen für die drei zu schaltenden LEDs und ein Verstärker der Firma Mazet. Zudem wurde ein A/D-Umsetzer mit PCI-Schnittstelle für einen handelsüblichen PC von der Firma National Instruments mit der Modellbezeichnung PCI-6030E verwendet. Er bietet neben einer Geschwindigkeit von 100 kSamples/s auch acht digitale Ein- und Ausgänge und 16 analoge Eingänge mit einer Auflösung von 16 Bit.

Der zentrale Baustein in der Treiberelektronik ist der Verstärker MTI04CQ der Firma Mazet. Er besitzt vier integrierte Transimpedanzverstärker und kann somit die vier Signale des MORES®- Moduls auslesen. Die Besonderheit dieses Verstärkers liegt in seiner Programmierbarkeit. Über drei Kanäle, die von dem verwendeten A/D-Wandler geschaltet werden können, lässt sich der Verstärkungsfaktor in acht Stufen einstellen. Ein Transimpedanzverstärker wird genutzt, um den sehr kleinen Strom I_p einer Fotodiode (wenige µA) in eine Spannung U_A umzusetzen. Die Programmierbarkeit des Verstärkers erlaubt es zwischen acht Widerstandsstufen von 25 kΩ bis 20 MΩ zu wählen. Auch die Rückkoppelkapazität ist über ein TTL (Transistor-Transistor-Logic) Signal zwischen zwei Werten schaltbar. Der Betrag dieser Kapazität C_r ist jedoch nur für hochfrequente Anwendungen relevant und wird hier auf dem Standardwert belassen. Die notwendige Referenzspannung für den invertierenden Verstärker wurde auf ca. 4,5 V festgelegt und mit einem einfachen Spannungsteiler realisiert. Daher ergibt sich die Ausgangsspannung des Verstärkers zu

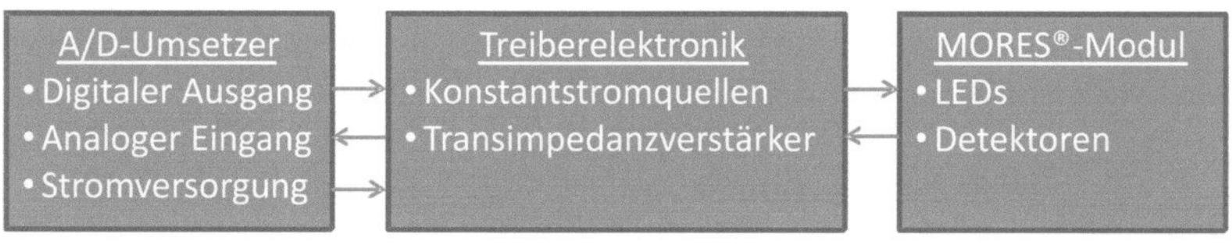

Abbildung 4.13: Schema für den Zusammenhang zwischen A/D-Wandler, der Treiberschaltung und dem Sensormodul MORES®.

$$U_A = U_{ref} - R_g I_p. \tag{4.6}$$

Schließlich ist es möglich die integrierte Schaltung in einen Ruhezustand zu versetzen. Wird dieser aktiviert, fließen ca. 8 µA statt der sonst typischen 2,5 mA. Die Kombination dieser Eigenschaften machte diese Schaltung für die Anwendung in der Bauwerksüberwachung attraktiv. Eine Anpassung an verschiedene Sensorfarbstoffe und damit verbundene Signalstärken ist rein softwaretechnisch zu lösen. Zudem kann für leistungskritische Anwendungen, wie beim Betrieb mit Batterien, die Leistungsaufnahme verringert werden.

4.4 Messdatenerfassung

Die verwendete Software wurde entwickelt, um den Ablauf einer Messreihe gezielt steuern zu können. Die Durchführung einer einzelnen Messung beinhaltet einige Schritte, die bei jeder Wiederholung durchgeführt werden müssen, um eine korrekte Auswertung der Ergebnisse zu gewährleisten. In den Grundeinstellungen werden die Messdauer, die Abtastrate, die Anzahl der Messungen und der Abstand zwischen den Messungen konfiguriert. Weiterhin können die Verstärkungsfaktoren für die einzelnen Signale individuell gewählt werden. Hat eine Dauermessung begonnen, wird für jeden Messzeitpunkt ein Satz von Daten aufgezeichnet, der für die spätere Auswertung von Bedeutung ist. Dazu gehören die Signale an den Detektoren 1 und 2 sowie der Referenzdiode für jede LED einzeln und nacheinander, um für den jeweiligen Messpunkt die Absorption des Farbstoffs berechnen zu können. Weiterhin wird jeweils eine Dunkelmessung an denselben Detektoren durchgeführt, um eine temperatur- und fremdlichtkompensierte Referenz zu erhalten. Da die Intensitäten der LEDs und die Empfindlichkeit der Detektoren für unterschiedliche Wellenlängen variieren, ist für jeden Messschritt die Verstärkungsstufe getrennt regelbar. Die Erfassung eines einzelnen Messpunkts erfolgt nach dem in Tabelle 4.6 gezeigten Schema. Für jedes Signal wird durch Mittelwertbildung ein Messwert erzeugt und gespeichert. Diese 12 Datenpunkte werden schließlich für die Auswertung benötigt, wie sie in Kapitel 4.5.1 beschrieben wird. Für jedes Signal wird durch Mittelwertbildung ein Messwert erzeugt und gespeichert.

Tabelle 4.6: Ablauf einer Messung. In den ersten drei Schritten werden die LEDs angesteuert und die Verstärkung entsprechend der zu erwartenden Intensität ausgewählt. In Schritt 4 wird eine Dunkelmessung vorgenommen, um eine Referenz zu schaffen.

Schritt 1	Verstärkungsstufe LED1	→	LED1 an	→	Datenerfassung der Kanäle: Referenzdiode, Detektor1, Detektor2	→	LED1 aus
Schritt 2	Verstärkungsstufe LED2	→	LED2 an	→	siehe Schritt 1	→	LED2 aus
Schritt 3	Verstärkungsstufe LED3	→	LED3 an	→	siehe Schritt 1	→	LED3 aus
Schritt 4	Verstärkungsstufe Dunkelmessung	→	—	→	siehe Schritt 1	→	—

4.5 Sensor

Abbildung 4.14 zeigt den realisierten Sensor aus verschiedenen Perspektiven. Das Gehäuse ist aus Polyetheretherketon (PEEK) und damit sehr beständig gegen Feuchte, Temperatureinflüsse und auch in stark basischen Umgebung äußerst stabil [89]. Die Dichtungen bestehen aus Ethylen-Propylen-Dien-Monomer (EPDM) Kautschuk, der ebenfalls über ausgezeichnete Eigenschaften für diese Anwendung verfügt [90]. Durch ein Glas aus Borosilikat wird das MORES®-Modul vor der agressiven Umgebung geschützt, es bleibt jedoch eine nahezu verlustlose optische Ankopplung an den Reflektor erhalten. Weiterhin ist die Abmessung der Apertur sind so gewählt, dass die Reflektoreinheit dort eingepresst werden kann. Die Durchführung der Kabel ist durch zusätzliche Dichtmasse gegen eindringendes Wasser geschützt. Im Inneren des Sensors befindet sich schließlich die Elektronik mit der Verbindung zum MORES®.

4.5.1 Auswertung

Die Auswertung einer Messung findet in zwei Schritten statt. Im ersten Schritt werden die Messdaten genutzt, um die Absorption des Sensorfarbstoffs in drei verschiedenen Wellenlängenbereichen zu berechnen. Im zweiten Schritt werden die Werte miteinander ins Verhältnis gesetzt und es kann durch einen Vergleich mit früheren Messungen eine Aussage über die Entwicklung des Messwerts gemacht werden.

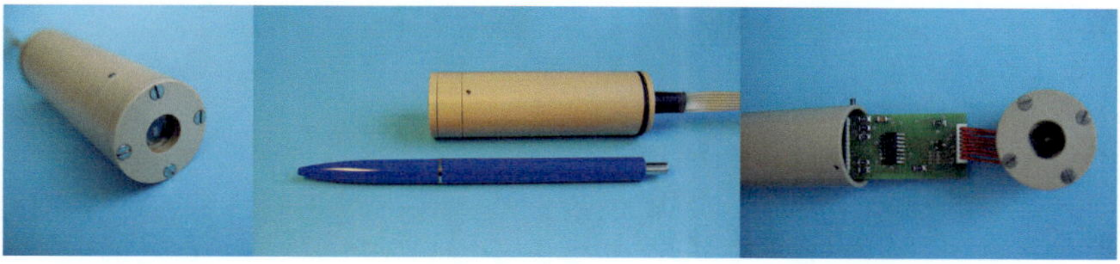

Abbildung 4.14: Der Sensor aus verschiedenen Perspektiven. Das Gehäuse beinhaltet die Elektronik, sowie das MORES®- Modul. Es besteht aus PEEK und ist damit widerstandsfähig gegen die basische Umgebung. Die Dichtungen sind aus EPDM und schützen das Innere vor Feuchtigkeit.

Für das Zwischenergebnis I_{sig} werden zunächst die Messdaten der beiden Detektoren (I_{D1}, I_{D2}) auf die individuelle Referenz (I_{R1}, I_{R2}) bezogen, miteinander kombiniert und vom Verstärkungsfaktor (G_1) bereinigt. Die Referenzwerte ergeben sich aus den Messwerten der Dunkelmessung. Der Verstärkungsfaktor wird für jede LED vor der Messung eingestellt (siehe Kapitel 4.3).

$$I_{sig} = \frac{1}{G_1}\left((I_{R1} - I_{D1}) + (I_{R2} - I_{D2})\right) \tag{4.7}$$

Die selbe Berechnung wird für die Referenzdiode durchgeführt.

$$I_{ref} = \frac{1}{G_r}\left(I_{Rr} - I_{Dr}\right) \tag{4.8}$$

Im letzten Schritt wird die Absorption des Farbstoffs in Anlehnung an das Bouger-Lambert'sche Gesetz berechnet [24].

$$I = I_0 e^{-x\alpha} \tag{4.9}$$

Die gemessene Intensität I entspricht hier der Referenz I_0 mit der Abschwächung $e^{-x\alpha}$. Dabei ist x die Strecke, die das Licht durch das absorbierende Medium zurückgelegt hat und α der Absorptionskoeffizient. Fasst man x und α zur Absorption A zusammen, kann man diese aus den Messdaten berechnen.

$$A = ln\left(\frac{I_0}{I}\right) \tag{4.10}$$

Da das Verhältnis zwischen Referenzdiode und Detektoren von der Position zueinander und der Porosität des Reflektors beeinflusst wird, muss an dieser Stelle der Korrekturfaktor K_{LEDx} (vgl. Kapitel 4.2.3.1) eingeführt werden.

$$A_{LED1} = ln\left(\frac{I_{ref}}{I_{sig}} K_{LED1}\right) \tag{4.11}$$

Berechnungsvorschrift - pH-Wert

Diese Berechnung wird für jeden der drei Datensätze (drei LEDs) durchgeführt. Die folgende Berechnung ist abhängig vom Absorptionsverhalten des jeweiligen Sensormaterials. Im Falle des pH-Wert-Materials ist zu erwarten, dass die Absorption im Bereich von 670 nm konstant bleibt.

$$V_{pH} = \frac{A_{530nm} - A_{670nm}}{A_{450nm} - A_{670nm}} \tag{4.12}$$

Bei einem niedrigen pH-Wert ist die Absorption bei 450 nm höher als bei 530 nm. Erst wenn der pH-Wert ansteigt bildet sich in der Praxis das Absorptionsmaximum aus. Dies wird in einer Messung durch eine Veringerung des Signals einer LED mit der Mittenwellenlänge von 530 nm detektiert. Ein hoher pH-Wert liegt also vor, wenn V_{pH} größer als eins wird, was bedeutet, dass der umgebende Beton noch nicht carbonatisiert ist. Diese Auswertung ist der des faseroptischen Sensorsystems sehr ähnlich und kann direkt damit verglichen werden (vgl. Kapitel 3.2).

Berechnungsvorschrift - Relative Feuchte

Für den Sensorfarbstoff zur Detektion der relativen Feuchte kann eine sehr ähnlich Auswertung genutzt werden. Nur weist hier der Bereich der maximalen Absorption die geringste Wertänderung auf, wenn sich die umgebende Feuchte ändert.

$$V_{rF} = \frac{A_{670nm} - A_{590nm}}{A_{530nm} - A_{590nm}} \tag{4.13}$$

Die betrachteten Absorptionen bei 530 und 670 nm decken die Flanken des Absorptionsmaximums ab. Verschiebt es sich zu geringeren Wellenlängen, wird A_{670nm} demnach kleiner und A_{530nm} größer. Ein direkter Vergleich mit den faseroptischen Sensoren ist hier nicht möglich, da dort die Wellenlänge der maximalen Absorption betrachtet wird. Das Absorptionsmaximum befindet sich zwar im Bereich der Wellenlänge einer LED (ca. bei 530 nm), kann aber nicht exakt aus den Messdaten berechnet werden.

Berechnungsvorschrift - Chlorid

Die Auswertung für den Farbstoff zur Chlorid-Detektion erfolgt über nur zwei Wellenlängen. Das Absorptionsmaximum des Materials ohne Chlorideintrag liegt bei etwa 510 nm und ist konstant, auch wenn eine Aggregation durch eine erhöhte Chloridkonzentration stattfindet. Daher reicht es für eine Auswertung, wenn die Beträge von A_{530nm} und A_{590nm} ins Verhältnis gesetzt werden.

$$V_{Cl^-} = \frac{A_{530nm}}{A_{590nm}} \tag{4.14}$$

Normalerweise ist die Absorption A_{530nm} vom Betrag her deutlich höher. Nur bei einer sehr starken Belastung durch Chloride wird der Wert von V_{Cl^-}größer als 1 werden.

5 Diskussion der Ergebnisse und Ausblick

5.1 Elektrooptische Sensoren

5.1.1 pH-Wert-Messung

Damit ein pH-Sensor in der Bauwerksüberwachung eingesetzt werden kann, besteht die Minimalanforderung darin, einen Unterschied zwischen einem sehr hohen pH-Wert (>12,5), wie er für jungen Beton üblich ist, und einem deutlich geringeren pH-Wert (<10) darstellen zu können. Für die Sicherstellung dieser Mindestleistung wurde der Sensor in zwei Lösungen getestet. Ein Reflektor wurde mit pH-Farbstoff imprägniert und getrocknet, um das verwendete Lösemittel zu entfernen. Nach der Herstellung hat der Reflektor eine gelbe Farbe, welche dann angezeigt werden sollte, wenn der pH-Wert der Umgebung niedrig ist. Erhöht sich der pH-Wert, findet ein Farbumschlag auf rot statt. Abbildung 5.1 zeigt die während des Versuchs aufgezeichneten Messwerte der Detektoren (Abbildung links) und der Referenzdiode (Abbildung rechts). Die Messwerte beider Detektordioden sind bereits addiert und um den Verstärkungsfaktor bereinigt, sodass der Verlauf des Fotostroms in µA abgebildet wird. Nach dem selben Prinzip wurde auch das Signal der Referenzdiode ausgewertet. Zum Zeitpunkt t_0= 0 wurde der Sensor in 0,1 molare $NaOH$-Lösung getaucht, was einem pH-Wert von 13 entspricht. Während der ersten Stunde wurde der Reflektor durchfeuchtet, was sich auf die Strahlführung und somit auf das Reflektionsverhalten ausgewirkt hat. Gleichzeitig begann der Farbumschlag. In Abbildung 5.1 (links) ist nach etwa 5 Stunden keine signifikante Änderung mehr zu sehen. Die Reaktion der Referenzdiode (Abbildung 5.1 rechts) zeigt bei allen Wellenlängen eine Veränderung der Messwerte hauptsächlich zu Beginn der Messreihe. Im weiteren Verlauf sind die Reaktionen maximal im Bereich von $1\,\mu A$. Die anfängliche Reaktion spiegelt lediglich ein Übersprechen wider, welches in Kapitel 5.1.5 näher betrachtet wird.

Zum Zeitpunkt t_1 =25 h wurde der Sensor aus der basischen Lösung entfernt und in destilliertes Wasser getaucht. In einer sehr langsamen Reaktion passte sich der Sensor dem Umgebungswert an und insbesondere bei 590 nm ist ein starker Anstieg der Stromstärke (+14 µA) zu beobachten, was auf eine Verringerung der Absorption in diesem Bereich hindeutet. Wie nach den Ergebnissen mit den faseroptischen Sensoren zu erwarten war, sinkt die

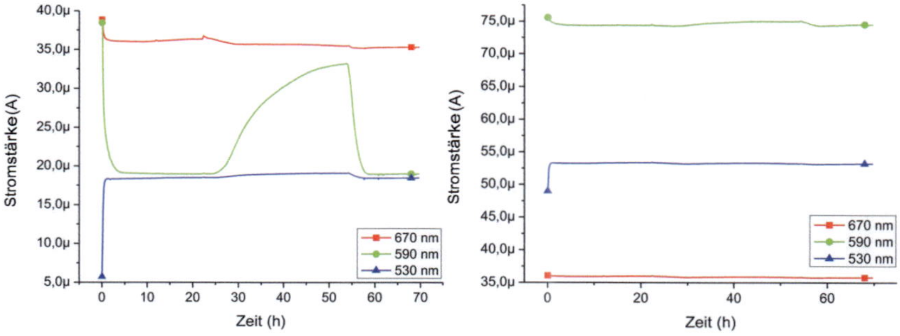

Abbildung 5.1: Links: Messwerte von den Detektoren bei jeweils einer aktiven LED. Im Verlauf der Messung wurde der Sensor in eine Lösung mit hohem pH-Wert eingetaucht (Beginn der Messung und nach ca. 55 Stunden) und in destilliertes Wasser (nach ca. 25 Stunden). Rechts: Messwerte der Referenzdiode bei der gleichen Messung.

Absorption im Bereich von 530 nm ebenfalls etwas ab, was einen leicht erhöhten Fotostrom (ca. +1 µA) zur Folge hat. Eine Veränderung bei 670 nm ist grundsätzlich nicht zu erwarten.

Bei t_2 =54 h wurde der Sensor erneut in die Lösung mit pH 13 getaucht. Die Deprotonierung setzte sofort ein und nach ca. 5 Stunden ist die Fotostromstärke auf 19 µA abgesunken. Damit wurde der Ausgangswert vor dem Eintauchen in das Medium mit dem pH-Wert 7 wieder erreicht. Auch bei 530 nm nimmt die Absorption wieder zu und die Stromstärke sinkt um den gleichen Betrag, um den er zuvor angestiegen war. Die Stromstärken in den Messreihen der Referenzdiode zeigen während des Versuchs nur wenig Veränderungen. Bei 590 nm ist zwischen den Zeitpunkten t_1 und t_2 eine leichte Änderung der Fotostromstärke um etwa 1 µA zu erkennen. Bei den Wellenlängenbereichen um 530 nm und 670 nm zeigt sich jeweils nur ein geringes Absinken des Signals.

Eine Berechnung der Absorption nach Kapitel 4.5.1 (vgl. Abbildung 5.2 links) ergibt die Verläufe für die drei Wellenlängenbereiche. Für eine korrekte Wiedergabe der Absorption wurden zudem die Korrekturfaktoren für das Verhältnis zwischen den Detektoren und der Referenzdiode einberechnet (siehe Kapitel 4.2.3.1). Das Ergebnis zeigt einen Verlauf, wie er von den Verläufen der Messdaten zu erwarten war. In einem Bereich mit hohem pH-Wert liegt die Absorption im Bereich um 590 nm deutlich höher als bei 530 nm. Sinkt der pH-Wert ab, sinkt auch die Absorption im sensitiven Bereich des Spektrums, bis diese unter das Niveau bei 530 nm abgesunken ist. Dies entspricht genau dem Verhalten der faseroptischen Sensoren. Ebenso liegt das Niveau der Absorption bei 670 nm weit unter dem der anderen

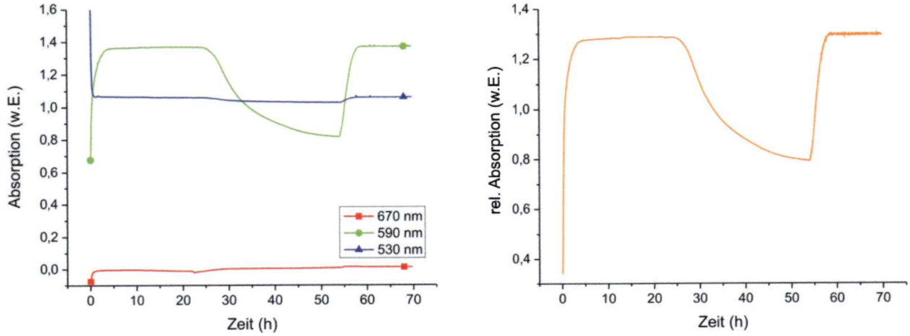

Abbildung 5.2: Verlauf einer pH-Wert-Messung (siehe auch Abb. 5.1). Links: Berechnete und normierte Absorption der drei Wellenlängenbereiche. Rechts: Absorptionsverhältnis als Endergebnis aus den drei Absorptionswerten.

und ist weitestgehend stabil. Auch dieses Verhalten konnte auf Grund der Messdaten und dem Soll-Verhalten des Farbstoffs erwartet werden.

Abbildung 5.2 (rechts) zeigt die Auswertung des Versuchs durch Zusammenfassung der drei Absorptionsverläufe (Kapitel 4.5.1) und bestätigt die bisherigen Ergebnisse. Ein Maximum von ca. 1,3 im Bereich eines hohen pH-Werts und ein Minimum von ca. 0,8 im Bereich eines niedrigen pH-Werts ist gut mit den Ergebnissen der faseroptischen Sensoren (vgl. Kapitel 3.3.3) vereinbar. Sollen genauere Kenntnisse über den Fortschritt der Carbonatisierung in Beton gewonnen werden, ist der Einbau von mehreren Sensoren empfehlenswert. Der Übergang zwischen Carbonatisierung und gesundem Beton ist sehr scharf, womit mit einem schnell abfallenden pH-Wert zu rechnen ist. Dennoch kann über das Verhältnis zwischen den relevanten Absorptionszahlen auf den pH-Wert geschlossen werden. Hierfür wurde er in Lösungen mit verschiedenen pH-Werten getaucht und die Messung nach einer Stunde ausgewertet. Abbildung 5.3 zeigt diesen Verlauf mit dem Absorptionsverhältnis über dem aktuellen pH-Wert. Das Absorptionsverhältnis steigt bis zu einem Wert von ca. 11,0 nur wenig an. Die größte Steigung befindet sich in etwa bei dem pH-Wert 11,4 und kennzeichnet damit den Umschlagmittelpunkt. Bei noch höheren Werten ab ca. 11,8 flacht der Verlauf wieder ab, bis schließlich keine Reaktion des Farbstoffs mehr zu erkennen ist.

5.1.2 Relative Feuchte

Für die Aussagefähigkeit eines Sensors für rel. Feuchte in Beton ist es wichtig, die Feuchte in den Poren des Systems zu bestimmen, welche noch nicht durch Kondensation mit Wasser

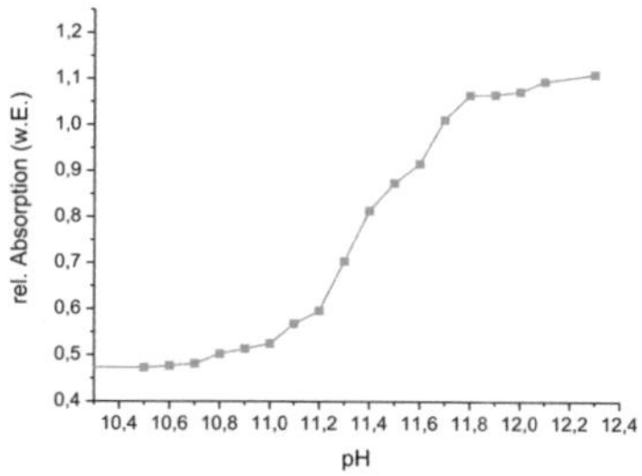

Abbildung 5.3: Der Verlauf zeigt eine starke Abhängigkeit der rel. Absorption vom aktuellen pH-Wert, mit einer großen Empfindlichkeit im Bereich von pH 11,2 bis 11,8.

gefüllt sind. Für entsprechende Versuche wurde der Sensor in einer Klimakammer getestet, welche eine konstante Temperatur von 23 °C und eine beliebige rel. Feuchte zwischen 30 und 70% erzeugen kann. In diesem Versuch wurde die rel. Feuchte alle sechs Stunden um 5% verändert, bis sie den Maximalwert von 70% oder das Minimum von 30% ereicht hatte. In den nächsten Schritten wurde die selbe Rampe in die jeweils andere Richtung erzeugt. Daraus ergab sich ein stufenförmiger Verlauf mit einer Zyklendauer von 96 Stunden. Hierbei wurden die Dunkelströme, die Signale der Detektoren und der Referenzdiode aufgezeichnet. Abbildung 5.4 (links) zeigt die Verläufe der Detektoren jedes Wellenlängenbereichs. Die Signale der beiden Detektordioden wurden hier zusammengefasst und die Verstärkung einberechnet, womit das Ergebnis die aus der Anregung resultierende Fotostromstärke ist. Erwartungsgemäß ist bei den Signalen an der rechten und der linken Flanke des Absorptionsspektrums (530 nm und 670 nm) eine Reaktion messbar. In beiden Signalen ist auch ohne eine genaue Auswertung ein rampenförmiger Verlauf zu erkennen, wobei sie einen entgegengesetzten Trend zeigen. Dies entspricht der Verschiebung eines Absorptionspeaks und den dort betrachteten Flanken.

Im Verlauf dieser beiden Kurven sind Messartefakte bei ca. 80 und bei ca. 170 Stunden zu sehen, so dass dort keine gut erkennbaren Maxima bzw. Minima vorhanden sind. Im Bereich des Absorptionsmaximums bei 590 nm ist hingegen nur eine Veränderung der Stromstärke von weniger als 0,25 µA zu erkennen. Ein Zusammenhang mit der Vergrößerung oder Verkleinerung der Luftfeuchte ist nicht nachzuvollziehen. Die detektierte Fotostromstärke der Referenzdiode liegt jeweils in der Größenordnung der Detektoren. Der Verlauf der Referenzdiode (Abbildung 5.4 rechts) ist für alle Wellenlängenbereiche weitestgehend unabhängig von der Luftfeuchtigkeit. Es treten für alle drei Signale Artefakte nach ca. 80 und 170 Stunden Versuchslaufzeit auf, die sich ebenfalls in den Kanälen der Detektordioden wiederfinden.

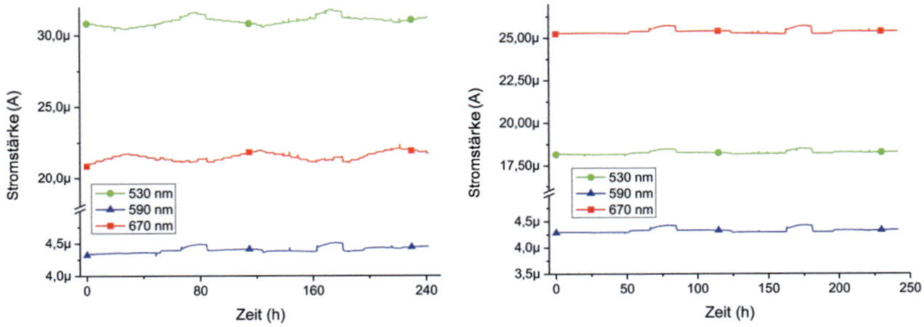

Abbildung 5.4: Signale der Detektoren (links) und der Referenzdiode (rechts) bei der Messung in der Klimakammer.

Untersuchungen haben ergeben, dass die gemessenen Schwankungen mit Variationen der Versorgungsspannung des Verstärkers korrelierten. Es ergibt sich jedoch keine Rückwirkung auf das Ergebniss einer Messung.

Für die korrekte Berechnung der Absorption (Abbildung 5.5 links) werden zudem die Korrekturfaktoren aus Tabelle 5.1 mit einbezogen, um das Verhältnis von Detektoren und Referenzdiode richtig darzustellen. Der Verlauf ergibt sich im Wesentlichen wie erwartet. Die Absorption im Wellenlängenbereich um 590 nm ist am größten und variiert nur wenig in Abhängigkeit von der rel. Feuchte. Im Gegensatz dazu sind im Wellenlängenbereich um 670 nm deutliche Stufen von den Feuchtigkeitssprüngen zu erkennen. Wie die Simulationen (vgl. Kapitel 4.2.1) ergeben haben, ist dort die Absorptionsveränderung am größten. Eine Verringerung der Feuchte führt zu einer Verschiebung des Absorptionsmaximums zu hohen Wellenlängen, wie es in dieser Darstellung zu einer Erhöhung der Absorption im vermessenen Bereich führt. Eine inverse, aber weniger ausgeprägte Reaktion zeigt sich bei einer Detektionswellenlänge von 530 nm, wo eine höhere Luftfeuchte zu einer erhöhten Absorption führt. Beide Absorptionsverläufe entsprechen der Simulation, wo der Verlauf an den Flanken der Absorptionskurve beobachtet wurde.

Tabelle 5.1: Korrekturfaktoren für das Sensormodul, das für die Erstellung der Signalverläufe in Abbildung 5.4 verwendet wurde.

$K_{530\,nm}$	$K_{590\,nm}$	$K_{670\,nm}$
2,14	3,39	1,53

Die Auswertung dieser drei Verläufe zu einem Gesamtergebnis (Abbildung 5.5 rechts) ergibt sich aus der Berechnung, wie sie in Kapitel 4.5.1 dargestellt ist. In der Messung, die ca.

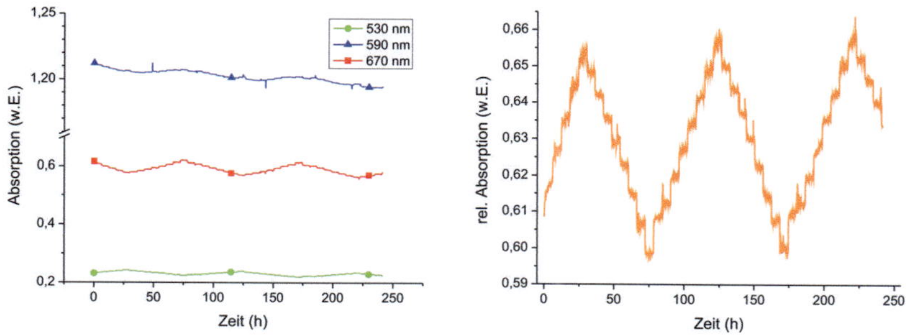

Abbildung 5.5: Verlauf einer Feuchtemessung in der Klimakammer. Links: Berechnete Absorptionsverläufe. Rechts: Ergebnis der Absorptionsverschiebungen.

250 Stunden dauerte, können die Veränderungen der Umgebungsfeuchte trotz eines hohen Rauschanteils sehr gut abgelesen werden, wie es der Verlauf der Absorption bei 670 nm bereits vermuten lässt. Es werden ca. 2,5 Zyklen durchlaufen. Die rel. Feuchte in der Klimakammer erreicht demnach drei Mal ein Maximum (maximale rel. Absorption) und zwei Mal ein Minimum. Die starke Drift, die in den einzelnen Kanälen noch zu erkennen ist, findet sich nur sehr abgeschwächt im Resultat wieder.

Eine genauere Betrachtung der Auswertung im Vergleich zu dem tatsächlichen Feuchteverlauf wird in Abbildung 5.6 dargestellt. In einem Bereich von 60 Stunden Messung werden zehn Stufen relativer Feuchte in einem Bereich von 30 bis 70% und der Verlauf der relativen Absorption gezeigt. Aus dieser vergrößerten Abbildung können verschiedene Erkenntnisse über das Verhalten des Sensors abgeleitet werden. Zunächst fällt die schnelle Reaktion des Sensors auf. Innerhalb von weniger als einer Stunde hat der Sensor zu ca. 90% auf eine Veränderung reagiert. Dies ist auch aus der Tatsache erkennbar, dass eine schlechte Regelung der Feuchte innerhalb des Klimaschranks zu einer verstärkten Reaktion im Sensormaterial führt. Im Bereich zwischen 115 und 125 Stunden ist die Regelung besonders verrauscht und streut um nahezu 5%. Der Sensor reagiert mit einem ebenfalls sehr verrauschten Ergebnis und einer relativ starken Drift. Auffällig ist vor allem die Reaktion nach 170 Stunden Messung. Bei 30% rel. Feuchte ist die Regelung zunächst sehr verrauscht und wird erst nach 1,5 Stunden stabil. Dieses Verhalten des Klimaschranks wird von dem Sensor exakt wiedergegeben.

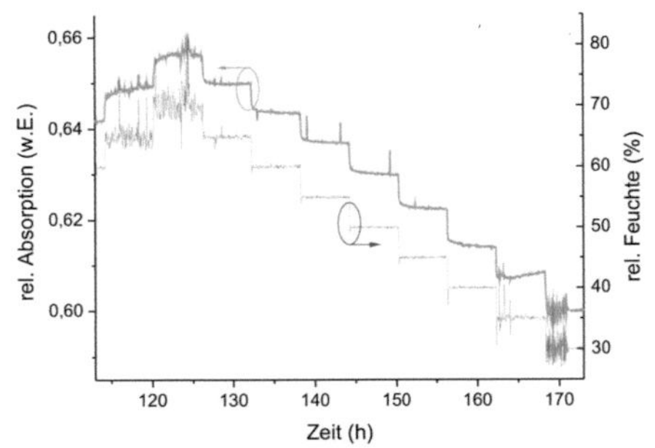

Abbildung 5.6: Ausschnitt aus dem Verlauf des Experiments mit charakteristischen Merkmalen der Sensorreaktion auf eine veränderte rel. Feuchte der Messumgebung in der Klimakammer.

5.1.3 Chlorid

Wie bereits in Kapitel 3.2.3 besprochen, wurde der Sensorfarbstoff zur Chlorid-Detektion untersucht. Zwar wurde eine eindeutige Abhängigkeit der Farbe von der Konzentration einer Kochsalzlösung gezeigt, aber eine Aggregation des immobilisierten Farbstoffs in einem Polymer konnte nicht reproduziert werden. Weiterhin reagiert der Farbstoff bei hohen pH-Werten zwar sensitiver auf die Zugabe von $NaCl$, die basische Umgebung destabilisiert jedoch das Farbstoffmolekül, so dass sich eine Testlösung innerhalb weniger Minuten deutlich entfärbt und schließlich keine Verfärbung mehr aufweist. Demnach ist eine Verwendung dieses Farbstoffs in Beton in einem *in-situ*-Messsystem nicht realisierbar. Da dennoch eine Verwendung dieses Messsystems in einem invasiven Schnelltest mittels Bohrkernentnahme möglich ist, wurden diesbezüglich einige Versuche gemacht. Hierzu wurden Testlösungen mit verschieden hohen Konzentrationen an NaCl vorbereitet. Im zweiten Schritt wurden diese Lösungen mit dem Farbstoff versetzt und vermischt. Anschließend wurde ein Reflektorpellet mit der Lösung imprägniert und innerhalb einer Minute nach dem zweiten Schritt eine Messung durchgeführt.

Abbildung 5.7 zeigt den Verlauf der Absorption (450 nm und 530 nm) bei verschiedenen Chlorid-Konzentrationen. Der Wellenlängenbereich um 450 nm wird, wie erwartet, stark absorbiert. Tendenziell steigt der Absorptionswert bei zunehmender Chloridkonzentration, fällt jedoch bei 27 mg/ml wieder ab. Wie die Vorversuche gezeigt haben, sollte es in diesem Wellenlängenbereich keine Schwankungen in der Absorption geben. Daher muss ein anderer Grund für diese Schwankungen in Betracht gezogen werden. Für jede Messung wurde eine

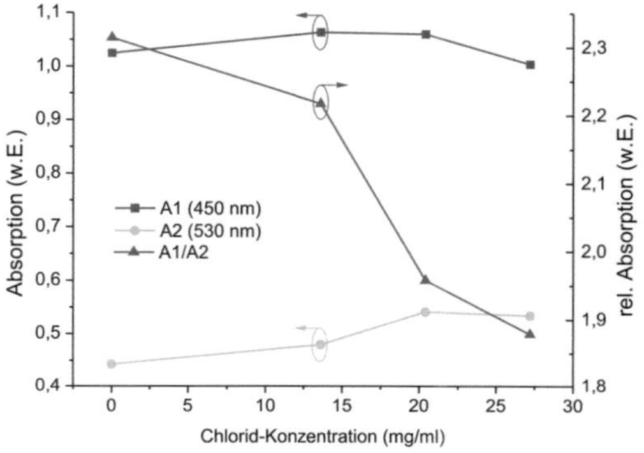

Abbildung 5.7: Messreihe des Sensorfarbstoffs zur Chlorid-Detektion mit verschiedenen Konzentrationen NaCl.

Lösung erstellt und ein Reflektor mit getränkt. Es ist davon auszugehen, dass nicht jedes Mal die selbe Menge Testlösung von dem porösen Reflektor aufgenommen wurde, wodurch leichte Schwankungen in der Absorption zu erklären sind. Bei 530 nm hingegen ist eine Abhängigkeit der Absorption von der Chloridkonzentration zu erwarten. Wie in Kapitel 3.2.3.3 gezeigt, sollte die Absorption mit steigendem Chloridgehalt in der Testlösung ansteigen. Dies ist für die ersten Messungen auch zutreffend. Bei der letzten Messung ist jedoch kein Anstieg in der Absorption bei 530 nm zu erkennen. Die Auswertung, bei der die beiden Messergebnisse wie unter Gleichung 4.14 gezeigt verrechnet werden, zeigt insgesamt ein sinkendes Absorptionsverhältnis bei steigender Chloridkonzentration, wie die Voruntersuchungen ebenfalls ergeben haben.

Insgesamt konnte gezeigt werden, dass eine Detektion von unterschiedlichen Chloridkonzentrationen in einer Testlösung mit diesem Sensorsystem möglich ist. Wie im Vergleich zu Kapitel 3.2.3.3 jedoch zu sehen ist, wurden für diesen Versuch um den Faktor drei höhere Chloridkonzentrationen verwendet. Eine so deutliche Auflösung wie mit einem Spektrometer, ist in diesen Versuchen nicht reproduzierbar gelungen. Durch die Verwendung von LEDs mit wesentlich geringerer Halbwertsbreite und besser auf den Farbstoff abgestimmten Spitzenwellenlängen, sollte es jedoch in Zukunft möglich sein, die selben Ergebnisse zu erzielen.

5.1.4 Temperaturabhängigkeit

Das verwendete Sensorsystem wird zu einem großen Teil in den Beton eingebracht. Das schließt sowohl den Sensorfarbstoff als auch das MORES®-Modul und die Steuerelektronik mit ein. Eine Änderung der Temperatur im Umfeld des Sensors führt daher zu stärkeren Effekten als es bei einem faseroptischen System zu erwarten ist. Dort können die Komponenten so gewählt werden, dass sie nur eine geringe Abhängigkeit von der Temperatur aufweisen. Daher war dort lediglich der Sensorfarbstoff selbst eine Komponente, die es zu untersuchen galt. Dies ist bei einem elektrooptischen System nicht der Fall, da die elektronischen Bauteile wesentlich durch die Temperatur beeinflusst werden.

Betrachtet man den detektierten Fotostrom, kann man feststellen, dass er mit steigender Temperatur sinkt. Eine genauere Betrachtung aller am Prozess beteiligten Komponenten, welche zum Teil auch gegenläufige Auswirkungen haben, zeigt die Ursache. Die Temperatur wirkt sich auf das Abstrahlverhalten der LEDs aus. Die Elektronik zur Steuerung des Moduls und zur Verstärkung der Messsignale hat ebenfalls Komponenten, die durch schwankende Temperaturen beeinflusst werden können.

Wie bereits in Kapitel 4.2.1.4 angemerkt, ist die Temperatur eine Ursache für eine sinkende Intensität der Lumineszenz einer LED im Betrieb. Je nach Halbleiter und demnach je nach Emissionswellenlänge haben LEDs unterschiedliche Temperaturkoeffizienten, die im Bereich von Raumtemperatur bis 100 °C in etwa linear verlaufen und in der Größenordnung von 0,1 %/K bis hin zu 1%/K liegen. Auch die Konstantstromquelle ist temperaturabhängig und beeinflusst damit die abgestrahlte Leistung der LED. Durch den Einsatz einer Referenzdiode werden diese Effekte jedoch kompensiert.

Durch Einflüsse auf die Kristallstruktur ergibt sich weiterhin eine Rückwirkung auf die Bandlücke des Halbleiters, wodurch sich die Wellenlänge des abgestrahlten Lichts verändert (beispielsweise um ca. 1 nm pro 10 °C bei GaAs). Dieser Effekt hat Auswirkungen auf die Detektoren. Durch die wellenlängenabhängige Empfindlichkeit von Silizium-pin-Dioden, kann sich eine effektive Veränderung des Detektorsignals ergeben. Da hiervon sowohl die Referenzdiode, als auch die Detektordioden beeinflusst werden, ist dieser Fehler ebenfalls kompensiert. Zum anderen bewirkt eine Veränderung des Emissionsspektrums, dass nicht mehr der selbe Wellenlängenbereich des Sensorfarbstoffs abgetastet wird. Dies führt zu einem Fehler, der durch die Referenzdiode nicht kompensiert wird und damit einen Einfluss auf das Endergebnis einer Messung hat.

Zudem hat die Temperatur auch auf andere Komponenten in der Elektronik einen Einfluss. Im Datenblatt des Verstärkers MTI04CQ [91] wird die Temperaturabhängigkeit des Rückkopplungswiderstands mit -3300 ppm/K für alle Verstärkerstufen angegeben. Eine Verrin-

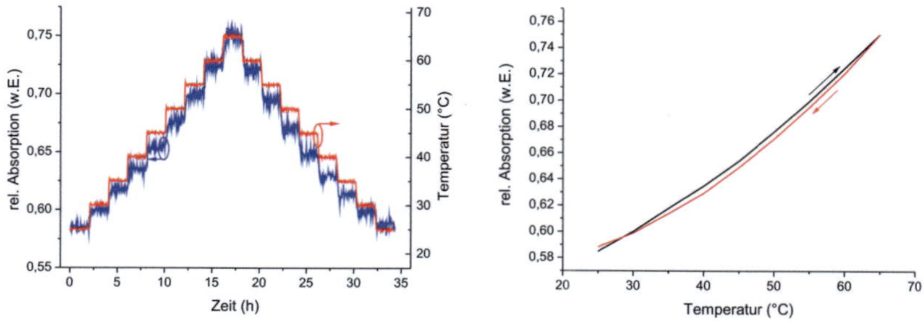

Abbildung 5.8: Links: Verlauf der relativen Absorption eines pH-Sensors bei variierender Temperatur. Rechts: Durchschnittswerte der Auswertung in Abhängigkeit von der Temperatur aufgetragen.

gerung des Widerstands bei einer erhöhten Temperatur bewirkt einen geringeren Messwert. Wird diese Abhängigkeit in der Berechnung nicht einkalkuliert, kann es zu einem Messfehler kommen, wenn für verschiedene Spektren verschiedene Verstärkungsfaktoren genutzt werden. Daher ist es sinnvoll für alle Messungen den selben Verstärkungsfaktor zu nutzen, wenn die Temperatur nicht bekannt ist, da der Fehler durch die Nutzung der Referenzdiode kompensiert wird.

Obwohl die meisten Effekte des Sensorsystem durch die Referenzdiode kompensiert werden sollten, ist durch die Einflüsse auf den Sensorfarbstoff dennoch mit einer Temperaturabhängigkeit zu rechnen. Das Absorptionsspektrum des Sensorfarbstoffs kann linear und nicht linear von der Temperatur abhängen. Weiterhin können sie die Reflektionseigenschaften durch strukturelle Veränderungen im Farbstoff ändern. Daher wurde im Folgenden die Temperaturabhängigkeit von pH- und Feuchtesensoren untersucht. Für den pH-Farbstoff, für den bislang keine Temperaturabhängigkeit bekannt war, ergibt sich ein deutlicher Zusammenhang zwischen Temperatur und relativer Absorption. In dem Versuch wurde die Temperatur in Schritten von 5 °C alle zwei Stunden variiert und von 25 bis 65 °C durchgefahren (siehe Abbildung 5.8 links). Man erkennt, dass die Schwankungen der relativen Absorption durch Temperatureinfluss nicht äquidistant verlaufen, sondern bei geringeren Temperaturen etwas geringer sind und nach oben hin zunehmen. Dies ist noch deutlicher in der Abbildung 5.8 (rechts) zu erkennen. Dort wurde ein Mittelwert aus den Messungen der einzelnen Phasen berechnet und über der Temperatur aufgetragen. Hier ist eine nahezu lineare Abhängigkeit zu sehen. Zudem gibt es eine leichte Abweichung im Verhalten zwischen der Erwärmungs- und der Abkühlungsphase.

Hier besteht ein relativ hoher Einfluss der Temperatur auf das Messergebnis. Wie in Abbildung 5.3 zum Vergleich zu sehen ist, erhöht sich die relative Absorption bei 25 °C von unter 0,5 auf ca. 1,1 bei sehr hohen pH-Werten. Diesem Unterschied von 0,6 steht eine Veränderung von ca. 0,17 bei ΔT =40 °C gegenüber. Eine Schwankung von 20 °C kann demnach in den Randbereichen des pH-Spektrums eine Verfälschung um mehrere Zehntel pH-Wert herbeiführen. Unter starker Sonneneinstrahlung im Vergleich zu einem kalten Winter können die Temperaturunterschiede noch deutlich höher sein.

Ein ähnliches Bild ergibt sich bei der Untersuchung des Feuchtefarbstoffs auf Temperaturabhängigkeit. In Abbildung 5.9 (links) ist die Abhängigkeit des Systems von der Temperatur zwischen 10 und 40 °C zu sehen. Auch hier kann ein eindeutiger Zusammenhang festgestellt werden, der in derselben Größenordnung liegt. An dieser Stelle sind vor allem die großen Sprünge zwischen 15 und 20 °C auffällig. Die Auswertung dieses Versuchs ist im Vergleich zum Verhalten des pH-Farbstoffs bei schwankender Temperatur weniger eindeutig, da sich die Absorptionsniveaus bei gleicher Temperatur stärker voneinander unterscheiden. In dieser Abbildung ist nur ein exemplarischer Temperaturdurchlauf zu sehen. Die Tendenz zu insgesamt geringeren Wellenlängen setzt sich jedoch fort, so dass keine Zuordnung von einer Temperatur zu einer relativen Absorption möglich ist. Abgesehen vom Rauschen des Signals zeigen sich noch einige Peaks in den Messwerten, vor allem zu Beginn von neuen Temperaturschritten. Diese lassen sich, wie in Abbildung 5.9 (rechts) zu sehen, auf starke Schwankungen der relativen Feuchte in der Klimakammer zurückführen, da die Änderung der Temperatur geregelt wird. Dies führt zu Schwankungen von bis zu 5% um den Soll-Wert von 50%. Auch hier steht der relativ hohe Einfluss der Temperatur (±0,035) der Änderung des Messwerts bei Variation der Feuchte gegenüber, die bei 40% in etwa 0,06 beträgt. Umgerechnet ergibt dies in etwa einen Richtwert für den Temperatureinfluss von -0,78 $\frac{\%\ \mathrm{r.F.}}{\mathrm{T}}$. Ebenfalls, wie bei dem Farbstoff zu Bestimmung des pH-Werts, ist hier bei hohem Temperatureinfluss in den verschiedenen Jahreszeiten mit einem relevanten Fehler zu rechnen.

Die starke Temperaturabhängigkeit des vollständigen Sensors inklusive der Sensorfarbstoffe macht eine gleichzeitige Messung der Temperatur notwendig. Da der größte Teil des Fehlers auf die Farbstoffe zurückzuführen ist, ist eine Messung der Temperatur am Sensormodul weniger sinnvoll, da eine thermische Kopplung von Elektronik und Farbstoff nicht gegeben ist. Vielmehr empfiehlt sich eine Messung am Sensorkopf, neben der Reflektoreinheit.

5.1.5 Übersprechen

Die meisten Komponenten eines MORES®-Moduls sind planar aufgebaut. Um ein Übersprechen von den LEDs auf die Detektordioden zu minimieren, wurden die Lichtquellen jedoch

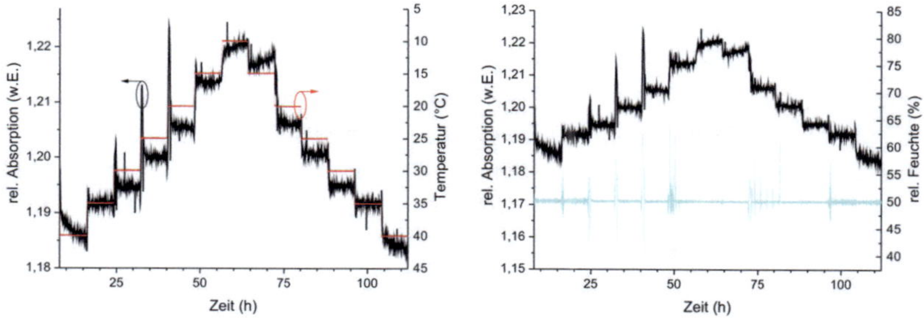

Abbildung 5.9: Verlauf der relativen Absorption eines Sensors für rel. Feuchte in Abhängigkeit von der Temperatur. Links: Einfluss der Temperatur. Rechts: Zusätzlicher Einfluss der rel. Feuchte.

in eine Kavität in der Mitte des Sensors eingebracht. Das dort abgestrahlte Licht beleuchtet zu einem großen Teil das Messobjekt. Die Referenzdiode muss so platziert sein, dass ein Teil des Lichts auf sie trifft, um eine Referenz für die Messung verfügbar zu machen. Gleichzeitig muss das Auftreffen von bereits durch das Messobjekt gefiltertem Licht auf die Referenzdiode verhindert werden, um diesen Wert nicht zu verfälschen. In Abbildung 5.10 wird dieses Prinzip verdeutlicht. Am Beispiel eines planaren Spiegels wird gezeigt, dass ein Teil des emittierten Lichts auf die Kavität zurückgeworfen wird und nicht alles zu den Detektoren gelangt. Durch die Ausleuchtung der Chipfläche wird auch die Referenzdiode erreicht. Das Verhältnis zwischen dem ursprünglichen Signal der LED und des Störanteils durch bereits gefiltertes Licht wird als Übersprechen bezeichnet.

Um die Auswirkungen des Übersprechens in der Praxis zu zeigen, wurden Messungen des Feuchte- und des pH-Systems untersucht. Demnach müssten Veränderungen der Umgebungs-

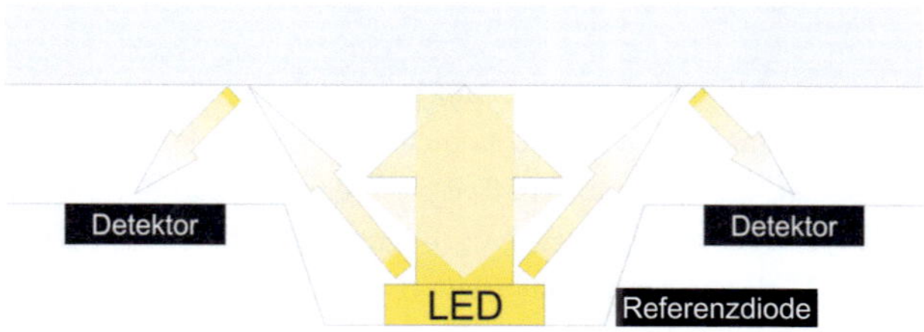

Abbildung 5.10: Ein Reflektor wird grundsätzlich einen Teil des emittierten Lichts auf die Quelle reflektieren und damit ein Übersprechen zwischen Absorber und Referenzdiode (M) hervorrufen.

bedingungen, die eine Reaktion des Sensorfarbstoffs und somit auch der Absorption bewirken, auch in dem Signal der Referenzdiode wiederzufinden sein. Für eine Messung der relativen Feuchte (Abbildung 5.11 links) wurde dafür der Verlauf des detektierten Fotostroms der Referenzdiode mit dem der Detektoren verglichen. Als Spitzenwert des Wellenlängenbereichs wurde 670 nm ausgewählt, da sich die Absorption dort am stärksten verändert. Um das Übersprechen abschätzen zu können, wurde der markierte Bereich näher untersucht. Der Fotostrom der Detektoren verringert sich hier bei einem Übergang zwischen zwei unterschiedlichen Niveaus relativer Feuchte (-5%) um etwa ΔI_{det} =150 nA. Der Strom der Referenzdiode verändert sich mit diesem Sprung der Umgebungsvariablen um ca. ΔI_{mon} =10 nA. Damit ein richtiges Maß für das Übersprechen gefunden wird, muss der Korrekturfaktor mit einberechnet werden, der für diesen Wellenlängenbereich und diesem Modul mit $K_{670\,nm}$ =1,53 angegeben werden kann. Das Übersprechen, bzw. der Kopplungsfaktor k_f berechnet sich demnach zu

$$k_f = \frac{\Delta I_{mon} \cdot K_{670\,nm}}{\Delta I_{det}} \cdot 100\% = 10{,}2\%. \tag{5.1}$$

Im Vergleich dazu wurde ein Teil einer Messung untersucht, wo der pH-Farbstoff von seinem protonierten Zustand (niedriger pH-Wert, Farbe gelb) in seinen deprotonierten (hoher pH-Wert, Farbe rot) übergeht. In Abbildung 5.11 (rechts) bei etwa 55 bis 60 Stunden sieht man diesen Übergang mit den jeweiligen Skalen des gemessenen Fotostroms. Die Schwankung im Fotostrom der Referenzdiode beträgt hier ΔI_{mon} =700 nA und die der Detektoren beläuft sich auf ΔI_{det} =14 nA. Da der Signalverlauf bei Beleuchtung mit 590 nm beobachtet wurde, ergibt sich damit unter Einbeziehung des Korrekturfaktors $K_{590\,nm}$ =1,92 ein Kopplungsfaktor k_{pH} von

$$k_{pH} = \frac{\Delta I_{mon} \cdot K_{590\,nm}}{\Delta I_{det}} \cdot 100\% = 9{,}6\%. \tag{5.2}$$

Die gemessenen Werte sind sich demnach sehr ähnlich und können für den allgemeinen Gebrauch in dieser Größenordnung angenommen werden. Es bleibt jedoch festzuhalten, dass das Übersprechen signifikant ist und damit ein Teil des Nutzsignals in die Referenz eingeht und damit verloren geht. Für die Anwendung im pH-Sensor ist dies jedoch als unproblematisch einzustufen, da ein Verlust eines kleinen Teils der Auflösung nicht zu einem Verlust der Funktion führt. Das Ziel, eineb carbonatisierten Beton zu erkennen ist dennoch gewährleistet. Auch für die Messung ist dies in der Praxis nicht von hoher Relevanz, da das Langzeitverhalten des Betons nicht von wenigen Prozent rel. Feuchte abhängt.

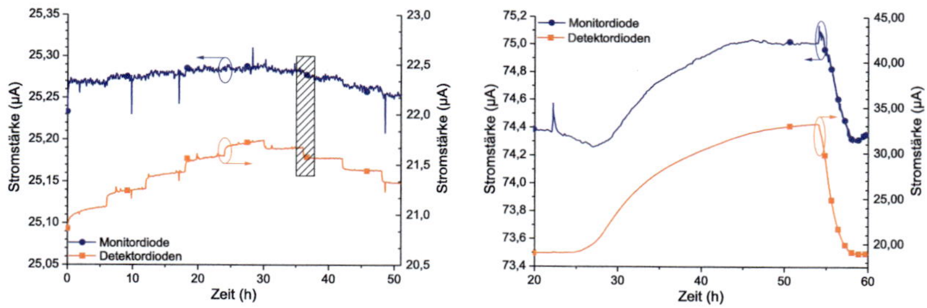

Abbildung 5.11: Übersprechen des Nutzsignals auf die Referenzdiode. Links: Auswirkungen bei dem Material zur Feuchtemessung. Rechts: Material zur pH-Wert-Messung

5.1.6 Zusammenfassung

Das Ziel dieser Arbeit war die Feststellung der Nutzbarkeit von Sensorfarbstoffen in einem elektrooptischen Sensorsystem. Im Gegensatz zu dem ebenfalls vorgestellten Sensor auf Basis der Faseroptik stehen hier nur wenige *„diskrete“* Wellenlängen zur Abtastung des Spektrums der Farbstoffe zur Verfügung. Dies machte es notwendig, den verwendeten Sensor speziell für den jeweiligen Farbstoff zu konfigurieren . Dies wurde durch die Auswahl der Emissionswellenlängen der verwendeten LEDs realisiert. Im Fall des Sensorfarbstoffs für relative Feuchte wurden die optimalen Wellenlängen anhand von bereits vorhandenen Messdaten im Vorfeld simuliert.

Das Ergebnis dieser Simulation wurde umgesetzt und die LEDs für das MORES®-Modul entsprechend ausgewählt. Für dieses Modul wurde eine Ansteuerung mit Konstantstromquellen und einem steuerbaren Transimpedanzverstärker entwickelt, die mittels einer ebenfalls entwickelten Software über einen Messrechner gesteuert wurde und die Messdaten ausgewertet hat. Für die Verwendung der Elektronik in der agressiven Umgebung von Beton wurde zudem ein Gehäuse aus dem Kunststoff PEEK konstruiert und umgesetzt. Dieser Kunststoff bietet sehr gute Eigenschaften für einen langen Betrieb in basischer Umgebung, ist mechanisch stabil und lässt sich gut verarbeiten. Durch ein optisches Fenster aus Borosilikatglas wurde der Sensor optisch an die Messumgebung angekoppelt und gleichzeitig vor der Umgebung geschützt. Zur chemischen Anbindung des Farbstoffs an die Umgebung und der gleichzeitigen optischen Ankopplung an den Sensor wurden spezielle Reflektoren aus porösem Borosilikatglas verwendet.

Für die Auswertung der Messdaten wurden die Eigenschaften der MORES®-Module untersucht, Kalibrationsdaten erzeugt und in einer Berechnungsvorschrift für die Absorption des Sensorfarbstoffs umgesetzt. Schließlich wurden die Sensorfarbstoffe in Verbindung mit dem Sensorsystem in einer Klimakammer (rel. Feuchte) und in Lösungen (pH-Wert, Chlorid) untersucht.

Die Versuche mit dem Farbstoff zur Detektion des pH-Werts zeigten eine gute Reproduzierbarkeit der Messwerte nach einem vollen Farbumschlag (vgl. Abbildung 5.2 rechts). Die Reaktionszeit bei einem Umschlag vom basischen in den pH-neutralen Bereich liegt bei mehr als 30 Stunden. Der Versuch wurde durchgeführt, indem der Sensor in die wässrige Lösung getaucht wurde und bietet daher optimale Bedingungen für eine schnelle Reaktion. Daher ist in der realen Umgebung in einem Bauwerk mit einer sehr viel geringeren Reaktionsgeschwindigkeit zu rechnen, da dort deutlich weniger Feuchte zur Verfügung steht. Im Kontext der Carbonatisierung des Betons in einem Bauwerk ist dies jedoch nicht als kritisch einzustufen, da diese ebenfalls sehr langsam abläuft. Zudem konnte ein Verlauf ermittelt werden, der von den Messwerten auf einen pH-Wert zwischen 10,7 bis 12,1 schließen lässt. Es wurde weiterhin festgestellt, dass die Temperatur, insbesondere der hohe Temperaturgradient zwischen Sommer- und Winterverhältnissen, einen nicht vernachlässigbaren Einfluss auf das Messergebnis hat. Daher ist es unbedingt notwendig, die Temperatur während der Messungen zu erfassen, um eine zuverlässige Aussage über die Carbonatisierung einer Betonwand machen zu können.

Die Messungen zur Bestimmung der relativen Feuchte der Umgebungsluft haben gezeigt, dass Veränderungen sehr gut und mit einer kurzen Reaktionszeit detektiert werden können. Schnelle Änderungen (z.B. durch das Rauschen in der Regelung der Klimakammer) wirkten sich auf die Messwerte aus und wurden darin abgebildet. In den Messungen konnte jedoch kein eindeutiger Zusammenhang zwischen dem Messwert und der relativen Feuchte hergestellt werden. Insbesondere wurde dies durch ein vorprogrammiertes Feuchteprogramm sichtbar. Ein Anheben der rel. Feuchte von 30% auf 70% spiegelte sich in einer Reaktion der Messwerte wieder. Wurde die rel. Feuchte jedoch wieder auf 30% abgesenkt, konnte der ursprüngliche Messwert nicht wieder erreicht werden (vgl. Abbildung 5.5 rechts). Diese Drift ist auf den Farbstoff zurückzuführen, da sie bei den Versuchen mit dem Farbstoff zur Detektion des pH-Werts nicht aufgetreten ist. Zudem wurde die Instabilität des Farbstoffs durch die Einwirkung von Wasser dargestellt, was auf eine Veränderung der optischen Eigenschaften und damit ebenfalls auf den Einfluss des Farbstoffs schließen lässt. In diesen Messungen wurde ebenfalls eine hohe Abhängigkeit von der Temperatur mit etwa -0,78 $\frac{\%\ \mathrm{r.F.}}{\mathrm{T}}$ festgestellt. Dies macht den gleichzeitigen Einsatz von Temperatursensoren notwendig.

Zudem wurde untersucht, ob der Sensor in Kombination mit dem Farbstoff zur Detektion von Chlorid grundsätzlich eingesetzt werden kann. Die Voruntersuchungen haben bestätigt, dass sich ein hoher pH-Wert positiv auf die Sensibilität des Farbstoffs auswirkt und daher gut für die Verwendung mit Beton geeignet ist. Es hat sich jedoch ebenfalls bestätigt, dass der Farbstoff in einer Umgebung mit hohem pH-Wert sehr instabil ist und sich innherhalb weniger Minuten entfärbt. Daher kann dieser Farbstoff nicht in einer Langzeitüberwachung eingesetzt werden. Es ist jedoch möglich Chlorid in Bohrmehl aufzuschließen und anschließend den Farbstoff zuzusetzen. Anschließend können die Reflektoren mit der Testflüssigkeit getränkt und diese mit dem Sensor vermessen werden (vgl. Abbildung 5.7)

5.2 Faseroptische Sensoren

Der langfristig angelegte Versuch mit faseroptischen Sensoren in der Fatimakirche in Kassel hat gezeigt, dass der nachträgliche Einbau der Sensoren gut durchführbar ist und die Sensoren anschließend realistische Messwerte liefern. Eine Platzierung an einer gewünschten Stelle im Mauerwerk ist auch substanzschonend durch Bohrungen umsetzbar. Aufgefangenes Bohrmehl kann hierbei für den Einbau wiederverwendet werden womit der Eingriff in die Materialstruktur des Bauwerks so gering wie möglich gehalten wird. Eine Trennung des Bohrmehls aus den verschiedenen Zonen der Wand wirkt zudem einer Vermischung von carbonatisiertem und nicht carbonatisiertem Beton entgegen. Somit wird verhindert, dass der Sensor von einem Medium mit dem falschen pH-Wert umgeben wird. Weiterhin kann der neu entstehende Porenraum durch manuelles Verdichten minimiert werden.

Ist der Sensor verbaut, kann der Lichtwellenleiter unter Beachtung des minimalen Biegeradius verlegt werden. In dem Feldtest hat sich der Auf- und Abbau des Sensorsystems am jeweiligen Standort (Turm, Kirchenschiff, Kochen der Nord- und Südseite) als sehr zeitaufwendig herausgestellt. Daher ist die Überwachung eines Bauwerks ohne sinnvolle Automatisierung des Messungen nur in einem Feldtest mit einer geringen Anzahl Sensoren sinnvoll. Derzeit existiert jedoch noch kein geschlossenes Konzept für die Einrichtung einer Zentrale zur Messdatenerfassung und -auswertung. Je nach Anzahl der zu verbauenden Sensoren wäre die Zusammenführung aller Glasfasern mit einem hohen Aufwand verbunden, womit eine genau Planung notwendig wird. Demnach ist je nach angestrebter Überwachungsdichte und Größe des Gebäudes ein eigenständiges Konzept für die Überwachung auszuarbeiten. Die wichtigsten Parameter für die Optimierung der Kosten sind:

- Anzahl / Dichte der Sensoren
- Verfügbarkeit / Notwendigkeit einer zentralen Überwachungsstation
- Voraussichtliches Überwachungsintervall
- Verlegbarkeit von Glasfasern

Abbildung 5.12 zeigt verschiedene Möglichkeiten der Sensorvernetzung. Je nach Anzahl und Platzierungsort der Sensoren kann es sinnvoll sein, die Glasfasern direkt zur Zentrale zu führen (S1) oder zu bündeln (S2, S3, S4). Unter Umständen kann jedoch auch auf eine Verlegung der Glasfasern in die Zentrale verzichtet und eine seperates Messsystem verwendet werden (S5, S6). Dies könnte von der Zentrale aus gesteuert werden oder eigenständig arbeiten. Gegebenenfalls kann die Einrichtung einer Zentrale unnötig werden, wenn ausschließlich mit eigenständigen Messsystemen gearbeitet wird.

Ein Neubau stellt hierbei ganz andere Anforderungen an ein Überwachungssystem, als ein denkmalgeschütztes Bauwerk. Daher ist es notwendig für jedes Gebäude ein selbstständiges Konzept zu erarbeiten, welches den Verwendungszweck bis an die Grenzen der Lebensdauer berücksichtigt.

Die gewonnen Messdaten haben gezeigt, dass die pH-Wert-Sensoren auch über mehrere Jahre hinweg eingesetzt werden können. Das Sensormaterial ist stabil und zeigt keine Verschlechterung in der Auswertbarkeit der Absorptionsspektren. Die Auswertung ergibt Werte für den pH-Wert, die ein gutes Abbild der Realität zeigen.

Die Sensoren für relative Feuchte zeigen hingegen eine undefinierte Drift, die zu Werten führt, die nicht der vorherigen Kalibrierung entsprechen. Weiterhin zeigen die Sensoren eine hohe Ausfallrate. Aus den Voruntersuchungen geht hervor, dass das Sensormaterial zur Rissbildung neigt und es ist wahrscheinlich, dass es somit zu den Ausfällen der Sensoren kommt. Es sind daher noch Modifikationen des Sensormaterials notwendig, um die Langzeitstabilität zu verbessern.

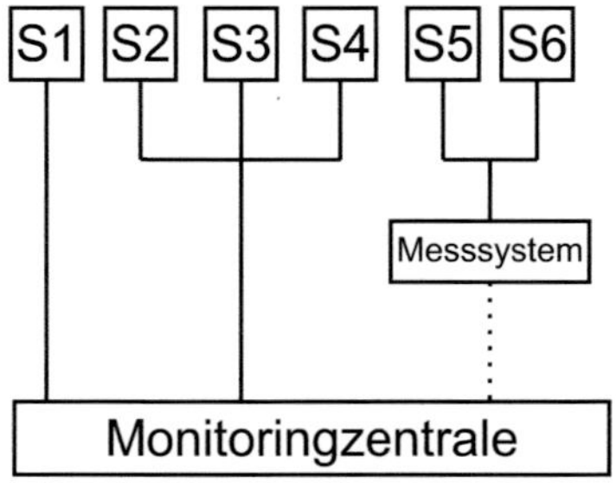

Abbildung 5.12: Mögliche Vernetzungsarchitekturen von Sensoren in einem Überwachungkonzept.

5.3 Vergleich von faseroptischen und elektrooptischen Sensoren

5.3.1 Feuchtigkeitsmessungen

Eine Bewertung der beiden Systeme im Vergleich gestaltet sich als schwierig, da das verwendete Sensormaterial zwar grundsätzlich zur Detektion veränderter relativer Luftfeuchtigkeit geeignet ist, es durch Belastungen aber immer wieder zu Veränderungen in den optischen Eigenschaften kommt. Daher ist es bei längeren Untersuchungen (siehe Kapitel 3.3) zu Ausfällen einzelner Sensoren gekommen und eine zuvor durchgeführte Kalibration konnte keine sinnvollen Ergebnisse liefern. Diese Erfahrungen aus dem Bereich der faseroptischen Sensoren konnten auch mit dem mikrooptischen System teilweise nachvollzogen werden. Der Grund für die Ausfälle der faseroptischen Sensoren liegt ebenfalls in der Veränderung der optischen Eigenschaften des Sensormaterials. Der Bereich, in dem das Material vermessen wird, ist durch die Breite des Schlitzes im Fasersubstrat und den Kern der Glasfaser bestimmt. Bricht das Sensormaterial in diesem Bereich, ist nur noch von einer geringen Einkopplung des einfallenden Lichts in das gegenüberliegende Faserende auszugehen. Auch andere Veränderungen können zu einer starken Verfälschung des Messsignals führen und somit die Messdaten unbrauchbar machen. Grundsätzlich unterliegt das mikrooptische Sensorsystem hier den gleichen Nachteilen. Zwar wird es an dieser Stelle zu keinem kompletten Ausfall des Sensors kommen, aber es besteht dennoch eine große Abhängigkeit des Messwerts von der Reflexion auf die Detektoren. Wird diese durch Brüche im Material verändert, kann dies zu massiven Verfälschungen der Messwerte führen.

Weiterhin wurde bei beiden Systemen die Temperaturabhängigkeit der Messung bestimmt. Diese ergaben einen Wert von -0,48 $\frac{\%\ \text{r.F.}}{\text{T}}$ für das faseroptische und -0,78 $\frac{\%\ \text{r.F.}}{\text{T}}$ für das elektrooptische Messsystem. Damit ist gezeigt, dass das elektrooptische System an dieser Stelle eine etwas höhere Temperaturabhängigkeit hat, die beiden Werte aber dennoch nahe zusammen liegen. Es ergibt sich demnach kein deutlicher Nachteil durch den zusätzlichen Einsatz von elektronischen Bauteilen.

Mit dem vorhandenen Material konnte gezeigt werden, dass beide Systeme grundsätzlich gut geeignet sind, die charakteristischen Veränderungen im Absorptionsspektrum des Sensorfarbstoffs zu detektieren.

5.3.2 pH-Wert-Messungen

Die vorgestellten Untersuchungen zur Messung des pH-Werts zeigen sowohl für das faseroptische als auch für das elektrooptische System gute Ergebnisse. Mittels des mikrooptischen Systems konnten die Absorptionsverläufe der drei ausgewählten Spektralbereiche dargestellt werden. Diese liegen in sehr guter Übereinstimmung mit den Verläufen, die aus den Messungen mit dem faseroptischen System zu erwarten sind. Hierbei sei insbesondere auf Abbildung 5.2 (links) verwiesen. Analog zu den spektralen Untersuchungen ist ein nahezu konstanter Verlauf der Absorption in einem Wellenlängenbereich um 670 nm zu beobachten. Der Bereich um 590 nm liegt in seiner Absorption bei niedrigen pH-Werten deutlich unter der Absorption bei 530 nm. Erst bei einem hohen pH-Wert steigt die Absorption bei 590 nm sehr stark an und übersteigt die Absorption bei 530 nm. Auch in der prinzipiellen Reaktionsgeschwindigkeit stimmen die Ergebnisse beider Systeme überein. Hierbei ist jedoch der einzige Nachteil des mikrooptischen Systems gegenüber dem faseroptischen System zu erkennen. Durch die Verwendung von deutlich mehr Sensormaterial erhöht sich die Reaktionsgeschwindigkeit hier um mehr als das fünffache. Dies könnte unter Umständen problematisch werden, da eine Reaktion eines faseroptischen Sensors innerhalb eines Gebäudes auf Grund der geringen Feuchte im Beton über mehrere Monate erfolgen kann (siehe Kapitel 3.3). Die verringerte Reaktionsgeschwindigkeit des mikrooptischen Sensors kann jedoch bedingt durch die Wahl des Messpunkts wieder ausgeglichen werden. Über dies hinaus haben die angestellten Untersuchungen jedoch keine weiteren Nachteile ergeben. Durch die geringeren Kosten und einer vergleichbaren Leistung bei einer sehr viel geringeren Empfindlichkeit gegenüber mechanischen Einflüssen kann in Summe von einer positiven Bilanz gegenüber dem faseroptischen System gesprochen werden.

5.3.3 Schnelltest für Chlorid

Wie bereits in Kapitel 3.2.3.3 dargestellt, gibt es derzeit keinen Farbstoff, der mit ausreichender Genauigkeit die vorhandene Menge an Chlorid detektieren kann und in einem Medium mit hohem pH-Wert langzeitstabil bleibt. Damit ist der Einsatz in einem Sensorsystem, welches diesen Wert *in-situ* überwacht, nicht möglich, so dass nur die Alternative eines Schnelltests bleibt. Diese sind zwar bereits auf dem Markt erhältlich, bringen jedoch diverse Nachteile mit sich. So müssen gegebenenfalls giftige oder ätzende Stoffe eingesetzt werden, womit diese für die Nutzung auf der Baustelle nur bedingt zu empfehlen sind. Weiterhin sind diese Tests zumeist halbquantitativ und werden durch den Vergleich einer Farbskala mit der Testlösung ausgewertet. Ein baustellentaugliches Komplettsystem inklusive elektronischer Erfassung und Auswertung der Messdaten wird derzeit jedoch nicht angeboten.

Ein faseroptischer Sensor eignet sich auf Grund seiner Geometrie nur sehr eingeschränkt für Messungen in einem flüssigen Medium. Auch mit für diese Anwendungen optimierten Aufbauten konnten keine stabilen und reproduzierbaren Messergebnisse erzielt werden. Weiterhin konnten die Sensoren zwar gereinigt und weitere Male verwendet werden, die Verringerung der Lebensdauer durch die hohe Belastung führte jedoch zu hohen Kosten. Unter zusätzlicher Betrachtung der Empfindlichkeit und hohem Wartungsaufwand kann in Summe bei den in dieser Arbeit vorgestellten faseroptischen Sensoren nicht von einem geeigneten Mittel für Schnelltests im Baustellenbetrieb gesprochen werden.

Mit dem Einsatz des mikrooptischen Systems kommen viele der genannten Probleme nicht zum Tragen. Der Sensor kann problemlos beliebig oft verwendet werden. Als Materialträger ist ein entsprechender poröser Glaskörper ausreichend. Auch sind die Anforderungen an die Langzeitstabilität deutlich geringer, wodurch als Materialträger Gläser geringerer Qualität nutzbar wären. Somit kann mit einem einfach zu handhabenden System eine Vielzahl einzelner Messungen durchgeführt werden. Weiterhin konnte in Kapitel 5.1.3 gezeigt werden, dass eine Reaktion des Farbstoffs mittels dieses Sensorsystems detektiert werden konnte. Im Rahmen weiterer Arbeiten wäre es denkbar die Empfindlichkeit des Messverfahrens zu steigern und eine mobile Anwendung für den Gebrauch auf der Baustelle zu entwickeln.

5.4 Ausblick für elektrooptische Sensoren in der Bauwerksüberwachung

Ziel dieser Arbeit war es, die Vor- und Nachteile eines colorimetrischen Messsystems herauszuarbeiten, welches nur über eine stark eingeschränkte spektrale Auflösung verfügt. Dies ist eine offensichtliche Schwäche gegenüber einem faseroptischen System, dessen Auflösung ausschließlich von der Qualität der Auswerteeinheit abhängig ist. Nun konnte jedoch ebenfalls gezeigt werden, dass eine Spezialisierung des Sensors ausreicht, um sehr gute Ergebnisse mit den verwendeten Farbstoffen zu erzielen. Nachdem nun die Funktionalität nachgewiesen werden konnte, stellt sich die Frage nach einer möglichen Weiterentwicklung dieses Systems, um die vorhandenen Stärken noch weiter auszubauen.

5.4.1 Verwendung in einem autarken Messsystem

Ein entscheidender Vorteil des vorgestellten Systems liegt in der Tatsache, dass die Messdaten noch im Sensor selbst in ein elektrisches Signal umgewandelt werden. Es bietet also die Möglichkeit, das Messsignal mit einer Kombination aus A/D-Umsetzer und Mikroprozessor auszuwerten und zu speichern. Damit kann in einem ersten Schritt auf die Steuerung und Umsetzung mit PC oder Laptop verzichtet werden. In einem weiteren Schritt könnte nun über eine Übertragung der Daten mit einem drahtlosen System nachgedacht werden. Damit würde eine aufwendige Verkabelung entfallen und ein Sensornetzwerk kann über viele gleichartige Sensoren aufgebaut werden, ohne dafür Knotenpunkte aufbauen zu müssen. Ein Entfall der Leitungen würde jedoch auch die Konsequenz haben, dass die für den Prozess notwendige Energie nicht mehr einfach übertragen werden könnte. Diese müsste direkt im System gespeichert sein. Nutzt man hierfür normale Batterien, müsste dafür gesorgt sein, dass man entweder einen Tausch des Energieträgers durchführen kann oder ein einzelner Speicher über die gesamte Lebensdauer genug Energie zur Verfügung stellt.

Eine weitere Möglichkeit wäre die Verwendung eines Speichers, der auch ohne die Verwendung kabelgebundener Energieübertragung wieder aufgeladen werden kann. Auf den folgenden Seiten sollen einige innovative und neue Methoden dargestellt werden, wie solch ein System aussehen könnte und welche Komponenten zudem in einem Sensor enthalten sein müssten.

5.4.2 Konzept

Im Aufbau eines solchen Messsystems werden zunächst die Anforderungen an den Sensor definiert. Wichtig ist hierbei vor allem der Energiebedarf des Sensors und der anderen Komponenten. Wird eine kontinuierliche Messung mit einem hohen Energiebedarf benötigt, muss sowohl der Speicher als auch die Quelle zur Versorgung ganz anders gewählt werden, als für Messungen die nur wenig Energie benötigen und mit großem Abstand zueinander gemacht werden. Abbildung 5.13 zeigt, wie ein solches System aufgebaut sein könnte. Ein Energiespeicher wird entweder kontinuierlich oder durch einen Anwender mit Energie versorgt und lädt sich somit auf. Ein Mikrocontroller ist für das Energiemanagement verantwortlich, steuert die Sensoreinheit, wertet nach einer Messung die Daten aus und verschickt sie schließlich über ein drahtloses Kommunikationsnetz zu einem Empfänger.

Auf Grund der vielfältigen Möglichkeiten und Kombinationen der verschiedenen Bauteile soll im Folgenden nur auf einen möglichen Lösungsansatz eingegangen werden, der sich für

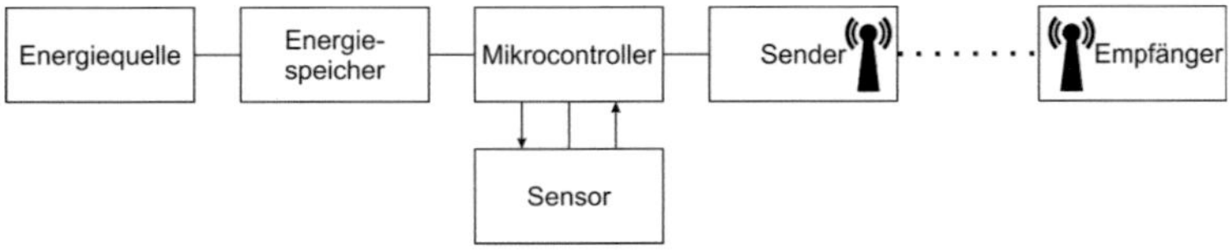

Abbildung 5.13: Konzeptschaltbild eines Sensorsystems mit externer Energiequelle und einem entsprechenden Speicher. Ein Mikrocontroller steuert den eigentlichen Sensor und verschickt die Daten über ein drahtloses Netzwerk an einen Empfänger.

das in dieser Arbeit vorgestellte System als sinnvoll darstellt. Um in den nächsten Seiten näher auf die einzelnen Komponenten eingehen zu können, wird an dieser Stelle zunächst der Begriff des Energiebedarfs näher umschrieben: Mit dem genannten System können Kenngrößen des Betons ausgelesen werden, die sich sehr langsam verändern. Eindringendes Wasser oder die fortschreitende Carbonatisierung, die durch die Größen Feuchte und pH-Wert beschrieben werden, müssen daher nur wenige Male im Jahr gemessen werden. Demnach ist es hier wichtig, einen Energiespeicher mit hohem Gesamtwirkungsgrad zu wählen, der durch die Quelle verlustarm geladen werden kann und nur eine geringe Selbstentladung aufweist. Die Abstände zwischen den einzelnen Messungen werden somit durch die Energiebilanz des Systems bestimmt. Eine gute Energiebilanz führt zu einem schnellen Aufbau einer Energiereserve, die für eine Messung zur Verfügung gestellt werden kann. Hierbei ist es grundsätzlich nicht entscheidend, ob eine Ladung des Speichers (quasi-)kontinuierlich oder durch seltene Ladungsvorgänge stattfindet.

Der Mikrocontroller stellt die zentrale Steuereinheit des Systems dar. Durch die Notwendigkeit einer niedrigen Energieaufnahme, der Fähigkeit für komplexe Rechenoperationen und der Steuerung des Sensors und des Moduls zur Datenübertragung sind die Anforderungen an diesen Baustein besonders hoch. Derzeit befinden sich bereits eine Vielzahl von Mikrocontrollern für allgemeine und spezielle Anwendungen auf dem Markt und jährlich kommen weitere, verbesserte Versionen hinzu. Daher sollen sich diese Ausführungen auf die Identifikation der Anforderungen sowie die Betrachtung einiger weniger Beispiele beschränken. Ähnliches gilt für die Einheit zur drahtlosen Kommunikation. Diese soll bis auf wenige Kenndaten einiger Systeme hier nicht näher betrachtet werden.

5.4.3 Literatur

Eine praktische Erprobung des gezeigten Konzepts konnte im Rahmen dieser Arbeit nicht mehr durchgeführt werden. Es folgt eine kurze Übersicht über die wichtigsten Aspekte einer autarken Energieversorgung für Bauwerksüberwachungssysteme, die in einer Literaturrecherche zusammengestellt wurden.

5.4.3.1 Energiespeicher

Für Energiespeicher, die in einem Bauwerkssensor eingesetzt werden sollen, ergeben sich verschiedene wichtige Kriterien für eine Beurteilung.

- Zunächst ist eine kompakte Bauweise gefordert, die auf kleinem Raum genug Energie aufnehmen kann, um das System für die Messaufgabe zuverlässig mit Energie versorgen zu können.

- Weiterhin muss die Energie effizient gespeichert und abgegeben werden können und darf nicht durch Selbstentladung verloren gehen.
- Diese gute Speicherfähigkeit muss auch in einem natürlichen Temperaturbereich von kalten Wintern bis -20 °C und starker Sonneneinstrahlung bis +60 °C nicht übermäßig beeinträchtigt sein.
- All die zuvor genannten Eigenschaften müssen möglichst über die gesamte Lebensdauer des Sensorsystems zur Verfügung stehen.
- Die Lebensdauer sollte mindestens 20 Jahre betragen. Für die Auslegung der maximal speicherbaren Energie sollte gegebenenfalls eine reduzierte Kapazität bei Betrieb über die Lebensdauer hinaus eingeplant werden.
- Die Kosten sollten möglichst gering sein.

In einer Literaturrecherche wurden Li-Ion Akkus und Doppelschichtkondensatoren miteinander verglichen und auf ihre Eignung für die genannte Anwendung untersucht.

Für die betrachtete Anwendung gibt es im Vergleich von Li-Ionen Akkus und Doppelschichtkondensatoren nicht die optimale Technologie. Tabelle 5.2 zeigt die genannten Eigenschaften im Vergleich. Während der Akku bei den wichtigen Eigenschaften Selbstentladung und Energiedichte überlegen ist, schneidet der Doppelschichtkondensator *in puncto* Wirkungsgrad und Lebensdauer besser ab. An dieser Stelle müssen die genauen Anwendungsparameter betrachtet werden, um die optimale Entscheidung für ein Sensorsystem zu treffen.

Tabelle 5.2: Vergleich zwischen Li-Ionen-Akkumulatoren und Doppelschichtkondensatoren.

Parameter	Li-Ion	DSK	Quellen
Selbstentladung (in %)	1-10	8-25	[92–96]
Wirkungsgrad (in %)	90	95-98	[52, 94, 97]
Spezifische Energiedichte (in Wh/kg)	9-200	0,05-15	[96]
Spezifische Leistungsdichte (in W/kg)	$9\text{-}10^3$	$20\text{-}10^6$	[96]
Lebensdauer (Jahre / Zyklen)	15/>1000	>20/100.000	[94, 98, 99]

5.4.3.2 Energiequellen

Seit Jahren steigt das Interesse an der Erforschung alternativer Energiequellen kontinuierlich an. Ein Großteil der Aufmerksamkeit bezieht sich auf Quellen, die den Energiebedarf von Häusern, Städten oder sogar Ländern decken können. Aber auch über die Versorgung von sehr kleinen, elektrischen Systemen mit geringem Energiebedarf wird zunehmend nachgedacht. Zudem werden Sensoren, Mikroprozessoren und anderen Elemente in ihrem Energiebedarf immer weiter weiter optimiert. Somit scheint es möglich zu werden, diese Systeme ohne weitere Energieversorgung oder einen großen Speicher, der immer wieder gewechselt werden muss, über lange Zeit betreiben zu können. Auch im Bereich der Bauwerksüberwachung, wo ein autarker Betrieb mit kabelloser Anbindung an eine Monitoring-Zentrale sehr nützlich erscheint, wird über die Ausnutzung solcher Quellen nachgedacht. Für diese spezielle Art der Energiegewinnung, nämlich in kleinem Maßstab und zum direkten Verbrauch für ein lokales System, hat sich der Begriff *Energy Harvesting*[1] gebildet und ersetzte das vorher manchmal genutzte Schlagwort *Energy Scavenging*[2].

Für diesen speziellen Anwendungsbereich kommen vor allem bestimmte Energiequellen in Frage [100]:

- Mechanische Vibrationen
- Thermische Energie: Mit einem so genannten *Thermoelectric Generator* (TEG) wird eine elektrische Spannung über einen Temperaturgradienten gewonnen. Durch den an dieser Stelle ausgenutzten Seebeck-Effekt entsteht durch die Verbindung von unterschiedlichen Materialien eine elektrische Spannung, wenn sie unterschiedliche Temperaturen aufweisen.
- Mikrowellen Strahlung: Hintergrundstrahlung im Frequenzbereich der Mikrowellen (ca. 300 MHz bis 300 GHz) wird mittels spezieller Antennen genutzt, um einen Energiespeicher zu laden. Weiterhin ist es mit dieser Technik auch möglich, einen Energiespeicher gezielt durch die Verwendung einer entsprechenden Quelle aufzuladen. Damit ist es möglich, einen unzugänglich verbauten Speicher aufzuladen, ohne Kabel verlegen zu müssen oder den Speicher zu tauschen (siehe auch [101]).
- Licht: Durch den Einsatz von Solarzellen kann ein solches System ebenfalls mit Energie versorgt werden.

Nicht alle Energiequellen eigenen sich im gleichen Maße für eine Anwendung in der Bauwerksüberwachung. Da der hier behandelte Sensor in den Beton eingebracht werden soll, wurde von Solarzellen abgesehen. Mikrowellenstrahlung eignet sich eher für das gezielte Aufladen eines Speichers [101] und auch die Thermoelektrizität eignet sich nur bedingt für einen kontinuierlichen Einsatz in der Bauwerksüberwachung [24, 101]. Im Folgenden soll daher auf die Ausnutzung von mechanischen Vibrationen eingangangen werden.

[1] engl. to harvest = ernten

[2] engl. scavenger = der Lumpensammler

Schwingungen verschiedenster Frequenzen sind in jeder Struktur vorhanden. Mittels verschiedener Techniken können diese Schwingungen in elektrische Energie umgesetzt werden [102]:

- Elektromagnetischer Generator: Mittels eines Permanentmagneten und einer Spule werden die Vibrationen durch Induktion in elektrische Energie umgesetzt.
- Elektrostatischer Generator: Ein Kondensator wird mit einer statisch und einer elastisch gelagerten Platte aufgebaut. Durch die Vibration verändert sich der Abstand zwischen den beiden Platten und damit die Kapazität. Bei unveränderter Ladung der Platten erhöht sich demnach die gespeicherte Energie, wenn die Platten voneinander entfernt werden: $E = Q^2/2C$. Durch ständige Schwingung einer der beiden Kondensatorplatten kann die Energie über eine einfache Schaltung einem Speicher zugeführt werden.
- Piezoelektrischer Generator: In piezoelektrischen Materialien wird durch eine mechanische Beanspruchung eine elektrische Spannung generiert. Diese Ladungsverschiebungen können als Indikator genutzt werden, um den Grad einer Beanspruchung ableiten zu können. Aber durch eine einfache Schaltung ist es ebenso möglich, diese Ladungen zu speichern.

Am Kühlschrank und an der Mikrowelle sowie an einem Motor oder auch an Stahlbetonbauwerken wie Autobahnbrücken finden sich Schwingungen mit zumeist geringer Amplitude. Bereits 2003 wurde eine Dissertation zu diesem Thema veröffentlicht, die die verschiedenen Techniken zur Umwandlung von kinetischer in elektrische Energie durch Vibrationen verschiedenster Flächen in Kombination mit entsprechender Technologie untersucht [103]. Die dort untersuchten Vibrationsquellen ergaben Frequenzen von 60-386 Hz mit Amplituden im Bereich von 0,1-6,4 m/s^2. Größere Gebäude, wie beispielsweise Brücken, haben jedoch noch eine weit geringere Grundfrequenz. Untersuchungen einer Stahlbetonbrücke in Kalifornien ergaben bei einer Frequenz von 2,75 Hz eine Spitzenbeschleunigung von etwa 0,04 m/s^2. Allgemein wird von einer Grundfrequenz von 1-5 Hz bei Autobahnbrücken gesprochen [104].

Zwischen Frequenz und gewinnbarer Leistung ergibt sich nach einem entsprechenden Modell ein proportionaler Zusammenhang ($P \sim f$) für ein schwingendes System. Wird die Resonanzfrequenz jedoch so gewählt, dass sie mit der dominierenden Schwingungsfrequenz übereinstimmt, verhält sich dieser Zusammenhang umgekehrt proportional ($P \sim 1/f$) [105]. Das heißt, dass auch bei geringen Frequenzen eine effiziente Umwandlung der Energie möglich ist.

Zunächst ist es für das Konzept eines solchen Energiewandlers wichtig, die Leistung für die relevante Frequenz $P_{max}(f)$ zu optimieren . Für die Anwendung in einem Sensorsystem, welches zudem in ein Gebäude eingebracht wird, ist die Größe ebenfalls entscheidend. Demzufolge ist

Tabelle 5.3: Vergleich einiger Systeme für Energy Harvesting mittels Vibrationen [101].

Institut	Frequenz (Hz)	Leistung (µW)	P_{Va}(Ws^4/m^5)	Spannung (V)
Politecnico di Torino	911	31000	1,2	150
Hong Kong	110	830	0,091	4,4
University of Tokyo	10	7,5	0,49	200
UC Berkeley	85	210	41	10

eine Angabe in W/cm^3 angebracht, um verschiedene experimentelle Aufbauten beurteilen zu können. Für einen Vergleich von in der Literatur angegebenen Systemen ist zudem die Anregung ein wichtiger Faktor. Hierfür wurde in [101] ein Quotient $[Q_{Va}(a^2,V)]$ =Ws^4/m^5 eingeführt, womit die generierte Leistung in das Verhältnis zum Volumen und dem Quadrat der Beschleunigung gesetzt wird. Nach diesem Kriterium kann ein vorgestellter Aufbau für die Anwendung in Bauwerken als besonders geeignet angesehen werden, wenn Q_{Va} einen hohen Wert annimmt. Zudem ist auch hier die Spannungslage von erhöhter Wichtigkeit, um nicht nur einen Energiespeicher laden, sondern auch ggf. eine Schaltung versorgen zu können.

Zum Vergleich finden sich in Tabelle 5.3 die wichtigsten Kenndaten einiger experimenteller Systeme. Sie zeigt deutlich, dass viele Faktoren für ein effizientes Arbeiten an Konzepten zum *Energy Harvesting* betrachtet werden müssen. Zwar kann ein System über eine hohe Leistung und eine hohe Leerlaufspannung verfügen, aber wenn für die Anregung eine sehr hohe Amplitude verwendet wurde, das System ein großes Volumen einnimmt oder die Anregungsfrequenzen zu hoch sind, ist es nicht für den Einsatz in Bauwerken geeignet. Damit kann eine Beurteilung der Leistung bezogen auf Volumen und Beschleunigung schon einen guten Ansatz liefern. Es ist jedoch grundsätzlich notwendig, auch die Anregungsfrequenz und die Leerlaufspannung mit einzubeziehen.

Mit einem Wert von 41 Ws^4/m^5 wurde von der Universität Berkeley ein (piezoelektrisches) System vorgestellt, dass mit einer Ausgangsspannung von 10 V und einer Anregungsfrequenz von 85 Hz äußerst geeignet erscheint, um es in Stahlbetonbauwerken einsetzen zu können. Demnach produziert dieser Aufbau eine Leistung von 210 µW bei konstanter Anregung unter optimalen Bedingungen, womit im Monat ca. 544 Ws zur Verfügung stehen würden. In der Realität kann jedoch nicht von einem kontinuierlichen Ladestrom ausgegangen werden. In einem Experiment wurde mit dem vorgestellten System eine Kapazität von 1,6 µF geladen. Die Spannung stieg zunächst stark an (siehe Abbildung 5.14). Mit einem höheren Spannungsniveau wurde der Anstieg zunehmend geringer [103].

Neben der Optimierung von Energiewandler und -speicher ist auch die angeschlossene Ladeelektronik Gegenstand aktueller Untersuchungen. So ist es mit einem DC/DC-Wandler

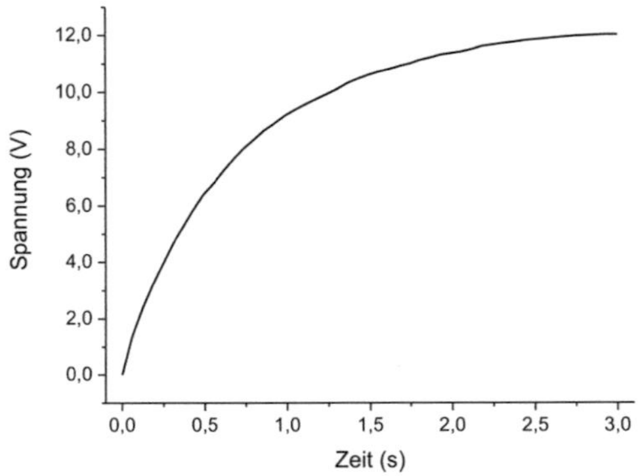

Abbildung 5.14: Ein Kondensator mit der Kapazität 1,6 µF wurde über Vibrationen mit einem piezoelektrischen Element geladen. Die Spannung steigt zunächst schnell an, was auf einen hohen Strom hindeutet. Wächst die Spannung an, sinkt der Strom und der Ladevorgang verlangsamt sich.

möglich, die Effizienz der Energiespeicherung noch entscheidend zu verbessern. Soll anstatt eines Kondensators eine Batterie geladen werden, ist eine verringerte Selbstentladung einer der Vorteile gegenüber einem Doppelschichtkondensator. Allerdings besitzt eine Batterie wiederum den Nachteil des geringeren Wirkungsgrads beim Laden. Um hierfür einen Ausgleich zu schaffen, wurden Schaltungen beständig weiterentwickelt, die für Wandler mit hoher Ausgangsspannung einen deutlichen Zuwachs in der Ladeeffizienz verzeichnen [106–108].

5.4.3.3 Weitere Komponenten

Weitere Komponenten, die für ein autarkes Messsystem benötigt werden sind Mikrocontroller und ein kabelloses Kommunikationssystem, um die Messdaten zu verarbeiten und an eine Gegenstelle zur Auswertung zu versenden. Neben der Energiequelle und dem Energiespeicher ist der Verbrauch des Sensors eine entscheidende Größe für ein autarkes System. Dabei muss zwischen zwei Arten des Energieverbrauchs unterschieden werden. Der Grundbedarf ist der Anteil, der die Funktionalität des Sensors aufrecht erhält, wenn keine Messungen durchgeführt werden und belastet den Energiespeicher kontinuierlich. Liefert der Generator mehr Energie als zur Deckung des Grundbedarfs notwendig ist, spricht man von einer positiven Energiebilanz. Diese ist notwendig, damit ein Energiepuffer aufgebaut werden kann, um Messungen durchzuführen und die gewonnenen Messdaten auszuwerten und zu versenden. Demnach ist es von der Energiebilanz und dem Energiebedarf einer einzelnen Messung abhängig, wie oft Messungen durchgeführt werden können. In der Literatur finden sich verschiedene Mikrocontroller, die für drahtlose Anwendungen und geringen Energiebedarf ausgelegt sind (siehe z.B. [109–111]) und damit gut für die Anwendung in einem System zur Bauwerksüberwachung geeignet wären. Da diese Komponenten einen eingeschränkten Eingangsspannungsbereich haben, kann für den Betrieb ein DC/DC-Wandler eingesetzt werden, dieser hebt zwar den Grundbedarf, erlaubt aber höhere Spannungen im Energiespeicher (siehe z.B. [112]).

5.4.4 Fazit

Es wurde gezeigt, dass die Funktionalität des elektrooptischen Sensorsystems grundsätzlich dafür geeignet ist, das faseroptische System zu ersetzen. Zudem ist es möglich, weitere Funktionen wie Auswertung der Messdaten, deren kabellose Übertragung sowie die Energieversorgung des Sensors zu integrieren. Dabei sind die Funktionen der kabellosen Übertragung der Messdaten und die Energieversorgung stark miteinander verknüpft. Ist beispielsweise die Energieversorung auch ohne den Anschluss an eine externe Quelle möglich, kann das volle Potential jedoch erst dann ausgeschöpft werden, wenn die Daten ebenfalls ohne einen solchen Anschluss übertragen werden können. Somit stellt ein elektrooptisches Sensorsystem grundsätzlich eine flexible Basis zur Verfügung, die durch den Einsatz von weiteren elektronischen Bauteilen noch deutlich erweitert werden kann.

Tabellenverzeichnis

Abbildungsverzeichnis

Literaturverzeichnis

[1] PEIL, U. (Herausgeber): *Sonderforschungsbereich 477 - Sicherstellung der Nutzungsfähigkeit von Bauwerken mit Hilfe innovativer Bauwerksüberwachung - Berichtskolloquium 2006.* TU-Braunschweig, 2006.

[2] (HRSG.), VEREIN DEUTSCHER ZEMENTWERKE E.V. (Herausgeber): *Zement Taschenbuch 2002.* Verlag Bau+Technik GmbH Düsseldorf, 2002.

[3] HACKELSBERGER, C.: *Beton: Stein der Weisen?* Vieweg und Sohn, Braunschweig/Wiesbaden, 1988.

[4] BASTEN, M.: *Zementrohstoffe in Deutschland.* Technischer Bericht, Bundesverband der Deutschen Zementindustrie e.V., Köln.

[5] (HRSG.), VEREIN DEUTSCHER ZEMENTWERKE E.V. (Herausgeber): *Zement Taschenbuch 2000.* Verlag Bau+Technik GmbH Düsseldorf, 2000.

[6] SCHULZE, HARTMUT: *Systematische Baustofflehre.* Verlag für Bauwesen Berlin, 1988.

[7] SCHÄFFLER, H., E. BRUY und G. SCHELLING: *Baustoffkunde.* Vogel Industrie Medien GmbH&Co, KG, Würzburg, 2005.

[8] FSHBZ: *Betonzusatzmittel und unsere Umwelt.* Technischer Bericht, Fachverband Schweizer Hersteller von Betonzusatzmitteln, 2002.

[9] WISCHERS, G.: *Einfluss der Zusammensetzung des Betons auf seine Frühfestigkeit.* Beton, 13:427–432, 1963.

[10] HINTZEN, W. und G. THIELEN: *Betontechnische Einflüsse auf die Rißbildung infolge Hydratationswärme.* Technischer Bericht, Verein Deutscher Zementwerke, 2000.

[11] SETZER, M.J.: *Basis of testing the freeze-thaw resistance: surface and internal deterioration.* In: *Proceedings of the International RILEM Workshop*, 1997.

[12] THIENEL, K.-CH.: *Werkstoffe des Bauwesens - Dauerhaftigkeit von Beton.* Script, 2008.

[13] RICHTER, T.: *Betonbehälter für Biogasanlagen.* Technischer Bericht, Verein deutscher Zementwerke e.V., 2009.

[14] HENNING, O. und D. KNÖFEL: *Baustoffchemie: Eine Einführung für Bauingenieure und Architekten.* Gabler Wissenschaftsverlage, 1997.

[15] SONNTAG, D.: *New values for the thermodynamic parameters of water vapor.* Measurement Techniques, 25(9):764–767, 1982.

[16] TACKE, R.: *Feuchte- und Festigkeitsentwicklung hydratisierenden Betons - Modellierung und numerische Analyse.* Doktorarbeit, Technische Universität Braunschweig, 2002.

[17] OBERBECK, N.: *Instationärer Wärme-Feuchte-Schadstoff - Transport in Beton.* Doktorarbeit, Fachbereich für Bauingenieur- und Vermessungswesen der Technischen Universität Braunschweig, 1995.

[18] SCHOLZ, G.: *Metrological aspects of moisture measurement in solids.* Technisches Messen, 64(11):422–425, 1997. Cited By (since 1996): 1.

[19] LUTZ, JENISCH, KLOPFER, FREYMUTH, KRAMPF und PETZOLD: *Lehrbuch der Bauphysik. Schall, Wärme, Feuchte, Licht, Brand, Klima.* Vieweg + Teubner, 2008.

[20] MOMBER, A.: *Handbuch der Oberflächenbearbeitung Beton.* Birkhäuser Basel, 2006.

[21] KUPFER, K.: *Materialfeuchtemessung.*

[22] KIESSL, K.: *Kapillarer und dampfförmiger Feuchtetransport in mehrschichtigen Bauteilen.* Doktorarbeit, Universität Gesamthochschule Essen, 1983.

[23] ROSE, D. A.: *Water movement in porous materials: Part 2 - The separation of the components of water movement.* British Journal of Applied Physics, 14(8):491–496, 1963. Cited By (since 1996): 11.

[24] VOGEL, H.: *Gerthsen Physik.* Springer-Verlag Berlin Heidelberg, 1997.

[25] HOLM, A.: *Ermittlung der Genauigkeit von instationären hygrothermischen Bauteilberechnungen mittels eines stochasitschen Konzepts.* Doktorarbeit, Universität Stuttgart, 2001.

[26] KRISCHER, O.: *Die wissenschaftlichen Grundlagen der Trocknungstechnik.* Springer Verlag, 1963.

[27] UNGERICHT, H.: *Wasserhaushalt und Chlorideintrag in Beton - Einfluss der Exposition und der Betonzusammensetzung.* Doktorarbeit, ETH Zürich, 2004.

[28] KÜNZEL, H.: *Porenbeton Bericht 11 - Wärme- und Feuchteschutz.* Technischer Bericht, Bundesverband Porenbeton, 2003.

[29] AGILENT: *Basics of measuring the dielectric properties of materials.* Application Note, Juni 2006.

[30] Ellison, W. J., K. Lamkaouchi und J.-M. Moreau: *Water: a dielectric reference.* Journal of Molecular Liquids, 68(2-3):171 – 279, 1996.

[31] Stark, J. und B. Wicht: *Dauerhaftigkeit von Beton.* Birkhäuser Basel, 2001.

[32] Specht, M.: *Grundlagen der Dauerhaftigkeit von Stahlbeton.* Technischer Bericht, Technische Universität Berlin, 1990.

[33] Dahme, U.: *Chlorid in karbonatisierendem Beton Speicher- und Transportmechanismen.* Doktorarbeit, Universität Duisburg-Essen, 2006.

[34] Brodersen, H. A.: *Zur Abhängigkeit der Transportvorgänge verschiedener Ionen im Beton von Struktur und Zusammensetzung des Zementsteins.* Doktorarbeit, Technische Universität Braunschweig, 1982.

[35] Sodeikat, C., C. Dauberschmidt, P. Schiessl, C.Gehlen und G.Kapteina: *Korrosionsmonitoring von Stahlbetonbauwerken für Public Private Partnership Projekte.* Beton- und Stahlbau, 101:932–942, 2006.

[36] Birnin-Yauri, U. A. und F.P. Glasser: *Friedel's salt, Ca2Al(OH)6(Cl,OH)·2H2O: Its solid solutions and their role in chloride binding.* Cement and Concrete Research, 28(12):1713–1723, 1998. Cited By (since 1996): 43.

[37] Ann, K. Y. und H.-W. Song: *Chloride threshold level for corrosion of steelin concrete.* Corrosion Science, 49:4113–4133, 2007.

[38] Breit, W.: *Kritischer korrosionsauslösender Chloridgehalt - Sachstand und neuere Untersuchungen.* Betontechnische Berichte 1998-2000, Seiten 145–167, 2001.

[39] Berliner, M. A.: *Feuchtemessung.* VEB Verlag Technik, Berlin, 1980.

[40] Leschnik, W.: *Feuchtemessung an Baustoffen - Zwischen Klassik und Moderne.* In: *Feuchtetag 1999, BAM, Berlin, Tagungsbericht*, 1999.

[41] Kruschwitz, S., E. Niederleithinger und H. Wiggenhauser: *Charakterisierung von Feuchte- und Salzbelastungen in Baumaterial mit Impedanzspektroskopie.* In: *Innovative Feuchtemessung in Forschung und Praxis 2*, 2006.

[42] Sokoll, T. und A. F. Jacob: *In-situ moisture detection system with a vector network analyser.* Mesurement science and technology, 18:1088–1093, 2007.

[43] Sokoll, T. und A. F. Jacob: *A Self-Calibrating Low-Cost Sensor System for Moisture Monitoring of Buildings.* In: *IEEE MTT-S International*, 2006.

[44] Goeller, A.: *Mobiler Mikrowellenscanner MOIST SCAN. Eine neue Ära der Bauwerksdiagnose.* In: *Fachtagung Bauwerksdiagnose*, 2008.

[45] GOELLER, A.: *Kontinuierliche Feuchteüberwachung in Ingenieurbauwerken mit MOIST MONITOR.* In: *Fachtagung Bauwerksdiagnose*, 2008.

[46] WERNECKE, R.: *Industrielle Feuchtemessung : Grundlagen, Messmethoden, technische Anwendungen.* Wiley-VCH, 2003.

[47] SCHIMMER, O., R. PLAGGE und R. KNÖCHEL: *Bestimmung von Materialfeuchte im Bauwesen mit Hilfe eines miniaturisierten breitbandigen Zeitbereichsreflektometers.* In: *Innovative Feuchtemessung in Forschung und Praxis 2*, 2006.

[48] WORSCHING, H., R. BECKER, S. SCHLAEGER, A. BIEBERSTEIN und P. KUDELLA: *Spatial-TDR Moisture Measurement in a Large Scale Levee Model Made of Loamy Soil Material.* In: *3rd International Symposium and Workshop on Time Domain Reflectometry for Innovative Soils Applications*, 2006.

[49] SCHEUERMANN, A., N. WAGNER, C. HÜBNER, K. KUPFER und A. BIEBERSTEIN: *Einbringtechnik für linienhafte TDR-Sensoren in bestehende Erdkörper - geotechnische und messtechnische Aspekte.* In: *Innovative Feuchtemessung in Forschung und Praxis 2*, 2006.

[50] KLYSZ, G., J. P. BALAYSSAC und X. FERRIERES: *Evaluation of dielectric properties of concrete by a numerical FDTD model of a GPR coupled antenna - Parametric study.* NDT&E International, 41:621–631, 2008.

[51] LAURENS, S., J. P. BALAYSSAC, J. RHAZI, G. KLYSZ und G. ARLIGUIE: *Non destructive evaluation of concrete moisture by GPR technique: experimental study and direct modeling.* Materials and Structures, 38:827–832, 2005.

[52] CHANG, C. W., C. H. LIN und H. S. LIEN: *Measurement radius of reinforcing steel bar in concrete using digital image GPR.* Construction and Building Materials, 23:1057–1063, 2009.

[53] BAKHRAMOV, O., C. KAPS und N.SAMIGOV: *Optische Messungen zur salz- und temperaturunabhängigen Bestimmung der Feuchte in Bauwerkstoffen.* In: *Fachtagung Bauwerksdiagnose*, 2008.

[54] BÜSCHER, K. A., W. WILD und H. WIGGENHAUSER: *Feuchtemessung mit infrarotoptischen Methoden.* In: *Feuchtetag '99 Umwelt Messverfahren Anwendung*, 1999.

[55] LESTANDER, T. A. und P. GELADI: *NIR spectroscopic measurement of moisture content in Scots pine seeds.* The Analyst, 128:389–396, 2003.

[56] RUTZ, F.: *Terahertz-Zeitbereichsspektroskopie: Zerstörungsfreie Charakterisierung von Polymeren und Verbundwerkstoffen.* Doktorarbeit, TU Braunschweig, 2007.

[57] Grischkowsky, D., S.Keiding, M. van Exter und Ch.Fattinger: *Far-infrared time-domain spectroscopy with terahertz beams of dielectrics and semiconductors.* Journal of the Optical Society of America, 7:2006–2015, 1990.

[58] Banerjee, D., W. von Spiegel, M.D.Thomson, S.Schabel und H.G.Roskos: *Diagnosing water content in paper by terahertz radiation.* Optics Express, 16:9060–9066, 2008.

[59] Buckup, P. und P.Dietrich: *Durchstrahlungsmessungen mit dem Impuls-Neutron-Neutron-Verfahren für Feuchtigkeitsbestimmungen.* In: *Innovative Feuchtemessung in Forschung und Praxis 2*, 2006.

[60] *Chlor-Test mit Flüssigeragenz zur Bestimmung von freiem Chlor. Gebrauchsanweisung Mircroquant (114979) / Merck.*

[61] Taffe, A., G. Wilsch, D. Schaurich und F. Weritz: *Einsatz der Laser-Induzierten Breakdown Spektroskopie (LIBS) im Bauwesen Teil 1.* Beton- und Stahlbetonbau, 103:14–15, 2008.

[62] Taffe, A., G. Wilsch, D. Schaurich und F. Weritz: *Einsatz der Laser-Induzierten Breakdown Spektroskopie (LIBS) im Bauwesen Teil 2.* Beton- und Stahlbetonbau, 103:16–17, 2008.

[63] Wilsch, G., A. Molkenthin, D. Schaurich, A. Taffe und F. Weritz: *Chlorid- und Sulfatanalyse mit LIBS - vom Laborverfahren zum Baustellengerät.* In: *Fachtagung Bauwerksdiagnose*, 2008.

[64] Du, R.-G., R.-G. Hu, R.-S. Huang und C.-J. Lin: *In Situ Measurement of Cl-Concentrations and pH at the Reinforcing Steel/Concrete Interface by Combination Sensors.* Analytical chemistry, 78:3179–3185, 2006.

[65] Duffo, G. S., S. B. Farina und C. M. Giordano: *Characterization of solid embeddable reference electrodes for corrosion monitoring in reinforced concrete structures.* Electrochimica Acta, 54:1010–1020, 2009.

[66] Ghandehari, M. und C.S. Vimer: *In situ monitoring of pH level with fiber optic evanescent field spectroscopy.* NDT&E International, 37:611–616, 2004.

[67] Dantan, N., W. R. Habel, B. Hillemeier, R. Hüttl und K. Dietz: *Bauteilintegrierbarer faseroptischer pH-Sensor zur Schadensfrüherkennung im Stahlbeton- und Spannbetonbau.* In: *Fachtagung Bauwerksdiagnose Praktische Anwendung Zerstörungsfreier Prüfungen*, 2006.

[68] Lang, F. und P. Lang: *Basiswissen Physiologie.* Springer Berlin Heidelberg, 2007.

[69] UNGER, H.-G.: *Optische Nachrichtentechnik, Teil I: Optische Wellenleiter.* Hüthig, 1984.

[70] ZIEMANN, O., J. KRAUSER, P. E. ZAMZOW und W. DAUM: *POF-Handbuch: Optische Kurzstrecken-Übertragungssysteme.* Springer Berlin Heidelberg, 2007.

[71] PEDROTTI, F. L., L. S. PEDROTTI, W. BAUSCH und H. SCHMIDT: *Optik für Ingenieure: Grundlagen.* Springer Berlin Heidelberg, 2005.

[72] BLUMENTRITT, M.: *Faseroptische Sensoren zur Überwachung chemischer Korrosionsprozesse in Stahlbetonbauwerken.* Doktorarbeit, Dissertation. TU Braunschweig - Institut für Hochfrequenztechnik, 2007.

[73] REICHARDT, C.: *Solvatochromism, thermochromism, piezochromism, halochromism, and chiro-solvatrochromism of pyridinium N-phenoxide betaine dyes.* Chemical Society Reviews, 21:147–153, 1992.

[74] KATIRCIOLU, T. Y. und O. GUEVEN: *Glass-transition behavior of poly(methacrylonitrile).* Journal of Applied Polymer Science, 82(8):1936–1943, 2001. Cited By (since 1996): 2.

[75] LANGHALS, E. und H. BALLI: *Neue Dimethinmerocyaninfarbstoffe mit J-Aggregation in stark verdünnter Lösung.* Helvetica Chimica Acta, 68:1782–1997, 1985.

[76] CHIBISOV, A. K. und H. GÖRNER UND T. D. SLAVNOVA: *Kinetics of salt-induced J-aggregation of an anionic thiacarbocyanine dye in aqueous solution.* Chemical Physics Letters, 390:240–245, 2004.

[77] WEISS, G.: *Bauten der Moderne im Rahmen der Denkmalpflege.* In: *Substanzschonende Betoninstandsetzung denkmalgeschützter Bauwerke*, 2008.

[78] KEIL, A. und S. FRÖHLICH: *Fatimakirche: Materialuntersuchungen und Instandsetzungskonzept.* In: *Substanzschonende Betoninstandsetzung denkmalgeschützter Bauwerke*, 2008.

[79] RASSEK, J. und U. RUBBA: *Spritzbeton und Injektionstechnik am Beispiel der Fatimakirche.* In: *Substanzschonende Betoninstandsetzung denkmalgeschützter Bauwerke*, 2008.

[80] SCHAEUFELE, I., K. MELHORN, M. M. UL ISLAM, J. FLACHSBARTH, W. KOWALSKY, H.-H. JOHANNES und ANDREAS GERDES: *Bauwerksmonitoring an denkmalgeschützten Bauwerken am Beispiel der Pfarrkirche St. Marien (Fatimakirche) in Kassel.* In: *Substanzschonende Betoninstandsetzung denkmalgeschützter Bauwerke*, 2008.

[81] WIESE, S.: *Faseroptische chemische Sensoren zur Überwachung von Betonbauwerken.* Doktorarbeit, TU Braunschweig - Institut für Hochfrequenztechnik, 2001.

[82] BLUMENTRITT, M., K. MELHORN, J. FLACHSBARTH, M. KROENER, W. KOWALSKY und H.-H. JOHANNES: *A novel fabrication method of fiber-optical planar transmission sensors for monitoring pH in concrete structures.* Sensors and Actuators B: Chemical, 131:504–508, 2008.

[83] DIETRICH, T. R., W. EHRFELD, M. LACHER, M. KRÄMER und B. SPEIT: *Fabrication technologies for microsystems utilizing photoetchable glass.* Microelectronic Engineering, 30:497–504, 1996.

[84] SCHOTT: *Duran - Technical Data*, 2006.

[85] LUTZ, J.: *Halbleiter-Leistungsbauelemente.* Springer Berlin-Heidelberg, 2006.

[86] SCHLACHETZKI, A.: *Halbleiter-Elektronik.* Teubner Studienbüchen, 1990.

[87] TIETZE, U., C. SCHENK und E. GAMM: *Electronic Circuits.* Springer, 2008.

[88] ENDERLEIN, R. und A. SCHENK: *Grundlagen der Halbleiterphysik.* Akademie Verlag, 1992.

[89] *Amsler und Frey AG. Chemische Beständigkeit.*

[90] *Connectors Verbindungstechnik AG Chemische Beständigkeitsliste.*

[91] *Datenblatt MTI04CS/MTI04CQ Mehrkanaliger programmierbarer Transimpedanzverstärker.*

[92] BUCHMANN, I.: *Batteries in a portable world.* Cadex Electronics Inc, 2001.

[93] BABIEL, G.: *Eletkrische Antriebe in der Fahrzeugtechni.* Vieweg, 2007.

[94] CHEN, H., T. H. CONG, W. YANG, C. TAN, Y. LI und Y. DING: *Progress in electrical energy storage system: A critical review.* Progress in Natural Science, 19:291–312, 2009.

[95] DIAB, Y., P.VENET, H.GUALOUS und G.ROJAT: *Self-Discharge Characterization and Modeling of Electrochemical Capacitor Used for Power Electronics Applications.* IEEE Transactions on Power Electronics, 24:510–517, 2009.

[96] KÖTZ, R., P. DIETRICH, M.HAHN und F.BÜCHI: *Supercaps - Eigenschaften und Fahrzeuganwendungen.* VDI-Berichte, 1874:175–188, 2005.

[97] GUETIF, A.: *Energiespeichersystem mit Superkondensatoren.* Technischer Bericht, VDE, 2007.

[98] TRUEB, L.F. und P. RÜETSCHI: *Batterien und Akkumulatoren: Mobile Energiequellen für heute und morgen.* Springer-Verlag Berlin Heidelberg, 1998.

[99] GUETIF, A.: *Klassifizierung von Batterien und Super-Kondensatoren als Energiespeicher.* Technischer Bericht, VDE, 2006.

[100] FARRAR, C. R., G. PARK, T. ROSING, M. D. TODD und W. HODGKISS: *Energy Harvesting for Structural Health Monitoring Sensor Networks.* In: *Proceedings of the Sixth International Workshop on Structural Health Monitoring, September*, 2007.

[101] HUDAK, N. S. und G. G. AMATUCCI: *Small-scale energy harvesting through thermoelectric, vibration, and radiofrequency power conversion.* Journal of Applied Physics, 103:101301 1 – 101301 24, 2008.

[102] BEEBY, S. P., M. J. TUDOR und N. M. WHITE: *Energy harvesting vibration sources for microsystems applications.* Measurement Science and Technology, 17:175–195, 2006.

[103] ROUNDY, S. J.: *Energy Scavenging for Wireless Sensor Nodes with a Focus on Vibration to Electricity Conversion.* Doktorarbeit, The University of California, Berkeley, 2003.

[104] WANG, J., C. A. TAN und D. ASHEBO: *Power Flows of Energy Harvesting as Measurands in Structural Health Monitoring.* In: *Proceedings of the Sixth International Workshop on Structural Health Monitoring, September*, 2007.

[105] WILLIAMS, C. B. und R. B. YATES: *Analysis of a micro-electric generator for microsystems.* Sensors and Actuators A: Physical, 52:8–11, 1996.

[106] OTTMANN, G. K., H. F. HOFMANN, A. C. BHATT und G. A. LESIEUTRE: *Adaptive Pietoelectric Energy Harvesting Circuit for Wireless Remote Power Supply.* IEEE Transactions on Power Electronics, 17:669–676, 2002.

[107] OTTMANN, G. K., H. F. HOFMANN und G. A. LESIEUTRE: *Optimized Piezoelectric Energy Harvesting Circuit Using Step-Down Converter in Discontinuous Conduction Mode.* IEEE Transactions on Power Electronics, 18:696–709, 2003.

[108] GUAN, M. J. und W. H. LIAO: *On the efficiencies of piezoelectric energy harvesting circuits towards storage device voltages.* Smart Materials and Structures, 16:498–505, 2007.

[109] TEXAS INSTRUMENTS: *A True System-on-Chip solution for 2.4 GHz IEEE 802.15.4 and ZigBee Applications (CC2530)*, 2009.

[110] TEXAS INSTRUMENTS: *A True System-on-Chip solution for 2.4 GHz IEEE 802.15.4 / ZigBee (CC2430)*, 2008.

[111] *2.4GHz RF tranceiver with embedded 8051 compatible microcontroller and 9 input, 10 bit ADC.*

[112] *REG711 - 50 mA Switched-Cap DC/DC Converter.*